不可思議的

科學實驗室

化學篇

珍妮絲・派克・范克勞馥／著⊙林怡芬／譯
總審訂／黃幸美

世茂出版社

總審訂序

科學教育的功能不外乎三類，一是科學態度的養成，一是科學方法的訓練，另一則是科學知識的充實。當然這三者也不全然是互相獨立的，我們從許多中學生及大學生修讀科學課程時，就可以發現某部分人很容易接受一些科學知識；另一部分人則較難，雖然個人天生的性向有很大的差別，但是，他在接受此課程前所接受到的科學教育，以至於養成的態度、學習的方式以及有關的知識，都會嚴重的影響了他對目前科學知識的吸收。

大家都知道，當一個人有了一個固定的態度、一定的做事方法以及他自己認為是對的知識理論，再要去修正時是非常困難的，因此，正確的科學教育應該是越早越好，當然這必須配合一個人心智的成長。

本套書希望能在孩童開始建立起他自己的學習模式時，就能正確地吸收科學知識，並同時建立起正確的科學態度和方法。所以書中作者以「實驗」為主軸，並以孩童喜歡動手做的方式來引導孩童的求知興趣；甚至在科學態度上，更以實驗為依歸，然後再導入科學知識的手法，不但建立了正確的科學知識，對科學態度本身的培養也有正面的引導。

在引入各項實驗時，作者儘量求其與日常生活有關，而且很自然的由此指出所希望研究的問題，這種方式不但可以讓讀者對科學問題有親切感，也由此讓孩童們從其日常生活的經驗中，找出研究題材並將問題解決，這些都有助於培養孩童的正確科學方法。除此之外，進行這些實驗的器具和材料多是在日常生活中唾手可得的東西，一方面可以讓讀者感覺到科學實驗的進行，並非一定要有一些昂貴的科學儀器才行；另一方面也可以引導孩童如何利用身旁可使用的器材，設計出可獲致科學結論的實驗出來。

書中對於實驗工作的準備都是有系統、有步驟的去做，這些都在在顯示出作者的用心，以及希望這套書能建立讀者對規劃研究事物細節的方法，甚至在實驗之後的分析，不但能達成獲得知識的目標，也顯示出從實驗的觀察和數據的整理中，可以分析出做結論的方法。

綜之，相信如能按步就班的去「讀」、去「做」這套書的各項實驗，對於培養科學態度，獲致科學方法以及充實科學知識都有莫大的助益。

清華大學物理系教授
黃　幸　美

本書搜集了許多可以藉此學得化學基礎知識的實驗方法。這裡的實驗方法有助於孩子們學習有關化學的一些觀念、用語、實驗……等，此外並能協助大人們運用這些方法巧妙地教導小孩化學常識。與其他書籍迥然不同之處的是，書裏的每一項實驗都以清楚、明瞭的方式解說。如此有趣的實驗，相信必能吸引大人親自和小孩一起動手做實驗。

書中共有一○一項的化學實驗，每一項實驗的目的、作法及需要的材料，皆依照順序編排而加以說明。而書中的圖示，是讓大家更加明白實驗的目的和方式。

首先翻看書中每一項實驗的「目的」，對於將動手做實驗的人，必定能夠確實掌握實驗內容的線索，得以充分認識和了解整個實驗。

實驗所需要的工具、材料，皆很容易買到。所有實驗必備的器材，全整理在每一項實驗內容之前。

所有實驗步驟與圖示，都已先行試驗過，因此大致上實驗都能順利完成才是。

對於實驗進行中，可能發生的狀況，也寫在書內，藉此便可檢驗實驗過程的正確性，而順利完成實驗。假若實驗失敗，請不要灰心，重新再做一次。

書中還編排一項「為什麼？」的項目，是根據每一項實驗的結果，以科學的方式、淺顯的話語加以闡釋說明原理。

本書的前提是，使小朋友能順利完成這些實驗又能兼顧到自身的安全性，並且透過實驗過程獲知有關化學的知識，再進一步引發小朋友關心科學的求知慾和好奇心。

本書裏的實驗要依照說明來進行，從事實驗前，必須詳閱作法。所列舉的實驗，大人們必須陪伴著小孩進行，注意每一狀況、細節。

引言

化學是一門各種事物在不同條件下作何反應，及其性質會如何改變的學問；較其他任何科學，與人的感官——視、聽、嗅、觸、嚐，有著更密切的關係。化學為進入其他科學的踏腳石，具有化學的基本知識，將有助於學習其他科學。如果不知原子化學性質，那麼產生磁力的物理現象，便無法說明。研究生物學上的光合作用，若不具備基本化學反應的知識，同樣無法了解其內容。對於各種科學而言，化學知識很有用，不僅能藉以清楚了解本學科的例子，並且能應用於實際生活上。

說起化學的歷史，始於鍊金術的師傅們。他們想盡辦法要把東西變成金子，但終究徒勞無功，美夢幻滅。這些所謂瘋子的科學家，可說是動手實驗的啟蒙先師。他們花很長的時間研究問題，演繹了許多實驗方法，與當時其他的科學家卓然不同。當初實驗所必備的燒杯必須自己製造，雖然其製成的形狀與今日的模樣有些出入，但也算是一項偉大的創舉。

過去的化學家為了瞭解問題，而採用合乎邏輯的方法來做實驗，這種方法便是今日所稱的科學方法。本書裏所有的實驗，均是依照此方法進行。

今日談及化學，不禁令人在腦海中浮起科學家，在滿是泡沫的燒杯旁走來走去，腦中卻想像著要發明新事物的模樣。另外還有與化學聯想在一起的是具有爆炸性的物品，以及會溶解東西的酸性物質，都與化學有很深的關係。閱讀完本書，並且實際操作實驗後，原先對化學懷有莫名恐懼的心理便會消逝不見。

書中搜錄的都是基礎性的化學實驗，不熟悉科學專門用語的人也能充分了解。進行實驗後往往有令人吃驚的結果出現，例如：透明的液體變成污濁的綠色液體、十元硬幣的表面結有綠膜、或者顏色從眼前消失……等。實驗並非像變魔術般是無中生有的，但相信這奇妙的過程卻同樣引起大人、小孩的興趣。但願這些令人快樂的實驗，能成為孩子學習科學的動機，培養孩子們不斷追求知識的精神。

如果我們已有許多的科學常識，仍須虛心學習。舉例來說，我們已知植物藉由吸取泥土中的水分、從空氣中攝取二氧化碳、和利用太陽光的熱能來製造植物必備的養分稱為光合作用，但是，光知道生物內部運作是不夠的。具有好奇心的人欲踏進化學之門的機會很多，對於已經被解開的化學之謎，還不如自己經由實驗發現謎底來得更有趣。

讀了本書，將會明瞭化學和日常生活是有密切的關係。選擇、設計書中這些實驗的理由，除了讓做實驗的人留有驚奇的印象外，同時也藉此介紹一些化學的現象。所以，這本書適合具有下列條件的孩子閱讀：

①希望多學些有關化學的人。
②渴求多做一些有趣的化學實驗的人。

書的內容按照章節依次加深程度，若不懂說明中的用辭，可參考書後歸納的用語索引。每一項實驗都是依照下面五個說明項目而編排解說的：①實驗的目的②要準備的東西③實驗步驟④會有什麼結果⑤為什麼。

★做本書實驗前應注意的事項：

①在做實驗前，必須把每一項實驗說明從頭到尾看一遍。

②實驗所需要的器材，必須預先準備好。若實驗器材不齊全，迫使實驗中斷，將無法順利完成實驗。

③做實驗不可心急，要依照指示說明，小心地去做，相信必能把失敗的可能性降至最低。

④實驗後的結果若與書中不一樣，那麼再仔細閱讀作法及說明，重新再來。

目錄

第三部　全是身邊氣體的傑作

第四部　色彩和形狀很容易產生變化

第五部 同樣成分的物體也會改變原本的樣子

第六部 經混合溶解後會產生不可思議的現象

第七部　因熱的作用而產生奇妙的現象

第八部　厨房的酸鹼實驗

第一部：你可曾注意「物質」的性質

1 噗通、噗通掉下來

●實驗目的：顯示什麼樣的情形稱為「慣性」。慣性是物體的性質之一。

●要準備的東西：十元硬幣
玻璃杯

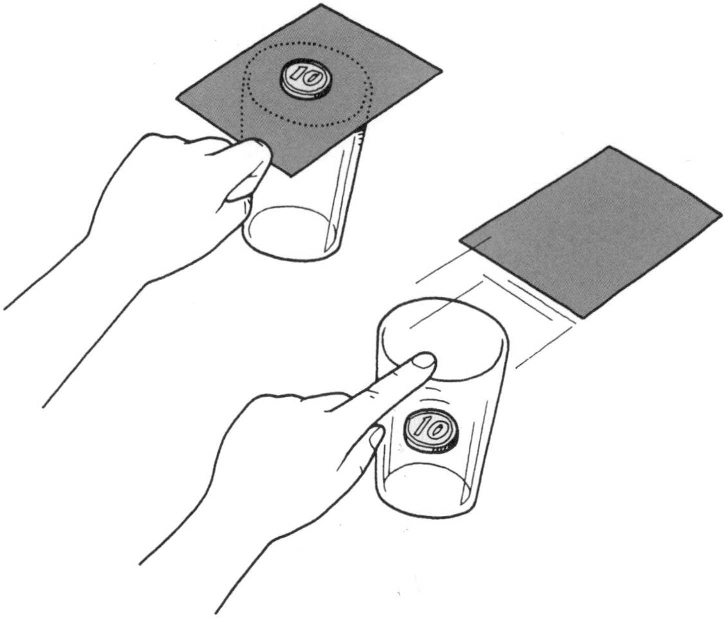

●實驗步驟：

■把名片放在杯口上。

■在名片上再放置一枚十元硬幣。

■用手指將名片彈出去。

●會有什麼結果？

名片彈開後，十元硬幣會噗通掉入杯中。

●為什麼？

原先名片和十元硬幣都因慣性而呈靜止狀態。後來把名片抽拿開，靜止不動的十元硬幣會因重力作用而掉落杯裡。所謂「慣性」指的是任何物體若不受外力作用時，必繼續保持它原來的運動狀態，靜止者恒靜止，運動者恒沿一直線以等速率運動，這種「靜者恒靜，動者恒動」的現象即稱慣性，又稱為「牛頓第一運動定律」。

2 黏土的秘密

●實驗目的：對於看不見的東西，對其要有追究真相的精神。

●要準備的東西：放有小東西在裡面的黏土塊
牙籤

●實驗步驟：

■請朋友在不讓你知道的情況下，把小東西藏在黏土裡，然後將黏土捏成球形。

■用牙籤從不同方向插入黏土中十五次。此時黏土仍須保持原狀，不可使黏土變形。

■猜猜看藏在黏土裡面的是什麼東西。

●會有什麼結果？

物體的大小和形狀若已確定，便可知道是什麼東西。

●為什麼？

以牙籤插入黏土中，可測知物體的大小和形狀。當牙籤與土內的東西接觸時，也可測知其硬度。科學家不看實物，就決定物體的大小、形狀，是常有的經驗。這種用來判斷看不到東西的科學方法，稱為「演繹推理」。

3 能伸展的明信片

●**實驗目的**：觀察物理的性質及變化。藉人體對物質的五種感覺視、聽、嗅、觸、嚐，就能得知物體的物理的性質。

●**要準備的東西**：明信片（或長方形紙）
剪刀

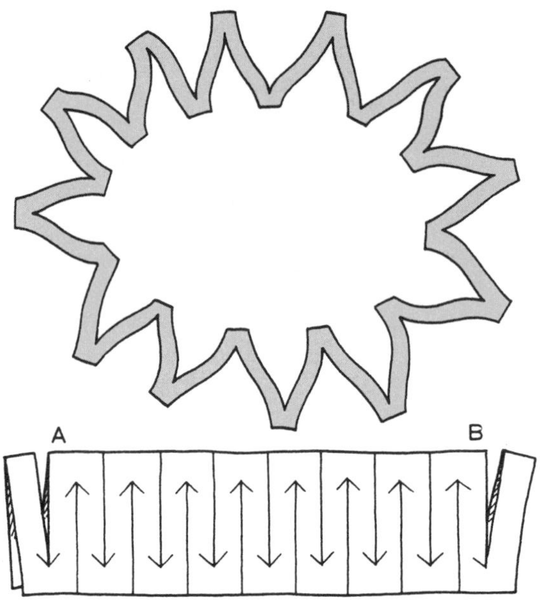

●**實驗步驟**：

■請觀察下列明信片的物理性質：顏色、形狀、大小，及手摸明信片時的感覺（觸感）。

■將長方形的明信片直放，左右對摺。

■在裁剪前，請仔細看圖示：
(a)前一次下刀處與下一次的下刀處至少要間隔○・七公分。即剪到底端時，須保留○・七公分。
(b)有摺痕的一邊與相對的一邊，要以反方向剪開。

■第一刀從有摺痕的長邊處開始剪，一直剪到離邊端○・七公分的地方才停止。

■第二刀從反方向剪開，也是從開口的邊緣剪，一直剪到離邊端○・七公分的地方才停止。

■根據上述前二個步驟的方式，重覆剪開明信片。

■如圖示中，摺處A到摺處B都要加以剪開，並且小心翼翼地將剪好的明信片拉開成為一個大圈圈。

■再一次觀察紙的物理性質（顏色、形狀、大小、觸感）。

●**會有什麼結果？**

剪開的明信片，雖然顏色和觸感沒有改變，但是形狀和大小都已改變了。長方形的明信片，成了鋸齒形的紙圈，而人的身體也能鑽過鋸齒形的明信片。

●**為什麼？**

明信片依實驗中的步驟裁剪，便可剪成一拉即張開的大紙圈。

4 像忍者般的紙

第一部　你可曾注意「物質」的性質

●實驗目的：觀察原子的正電、負電部分。

●要準備的東西：廣告紙
打孔器
墊板
氣球（手可握著的大小）

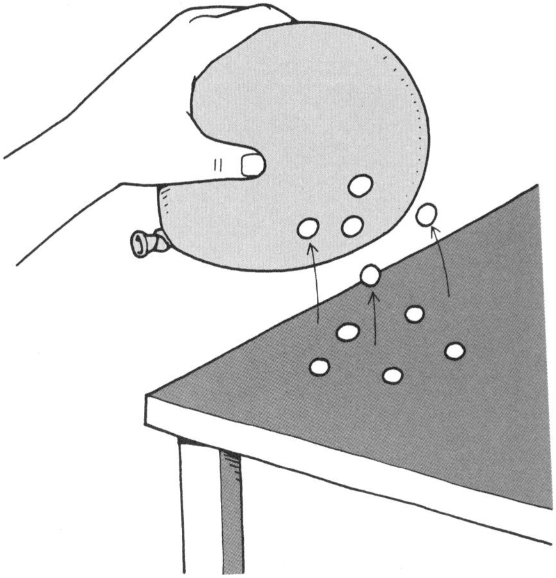

●實驗步驟：

■以打孔器從廣告紙上打下十五～二十個小圓紙。

■把小圓紙放在桌面上。

■拿起氣球吹氣，然後將氣球口拴緊。

■用氣球（或墊板）摩擦頭髮五次。頭髮必須是乾燥、乾淨且無油脂。

■將氣球（或墊板）靠近桌面上的小圓紙。

●會有什麼結果？

小圓紙會跳起來且黏附在氣球上（或墊板上）。

●為什麼？

紙原本是物質的一種，由原子所構成。原子的中心（原子核）帶有正電；而在其外圍則有帶負電的電子環繞著。氣球藉由摩擦吸取了頭髮的電子，而有多餘的負電荷。因此，小圓紙的原子其帶有正電部分，會被氣球多餘的負電荷所吸引。由於正、負電子互相吸引的力量比重力強，因而，小圓紙會跳起來而黏附在氣球上。

5 你也是超能力者

●**實驗目的**：放置在硬幣邊緣的牙籤，不借助手或其他東西，也能使它移動。

●**要準備的東西**：
透明玻璃杯
扁平的塑膠牙籤
氣球
十元硬幣

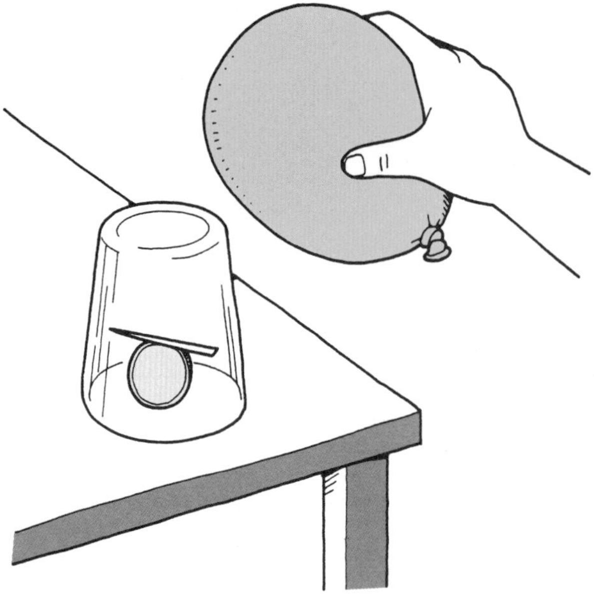

●**實驗步驟**

■在硬幣邊緣上端放置牙籤，使其保持平衡。
■將玻璃杯蓋住硬幣和牙籤。
■吹好氣球，然後摩擦頭髮數次，使氣球帶電。
■將帶電的氣球，沿著玻璃外圍慢慢移動。

●**會有什麼結果?**

牙籤會移動。

●**為什麼?**

所有的東西均由原子構成，原子的中心（原子核）帶有正電；在其外圍有負電環繞著。氣球藉由摩擦吸取頭髮的電子，而有多餘的負電。因此，帶有負電的氣球和牙籤中帶正電的原子互相吸引，所以，牙籤便神奇地隨氣球移動了。

6 隱身的分子移動

● 實驗目的：觀察分子之間的移動情形。

● 要準備的東西：深色的食用色素
水
高而廣口的瓶子（較大的即溶咖啡空瓶）

● 實驗步驟：

■ 把瓶子裝好水，放置二十四小時，不要動它。

■ 滴二滴食用色素於水裡。

■ 立刻觀察瓶內的情形。再放置二十四小時後，觀察瓶內情形。

● 會有什麼結果？

剛開始食用色素會在水中慢慢地擴散，然後食用色素與水的水溶液會混合成同一顏色。

● 為什麼？

構成物質的原子或分子經常在移動，這是肉眼所無法看到的。食用色素的分子碰撞到移動的水分子，經過一段時間後，食用色素分子會平均地擴散在水中。食用色素的分子在水中移動的運動現象，即分子由一方移至另一方，均勻分布的現象，稱為「擴散」。

7 抓空氣

●實驗目的：證明空氣也是物質的一種，佔有一定的空間。

●要準備的東西：塑膠袋

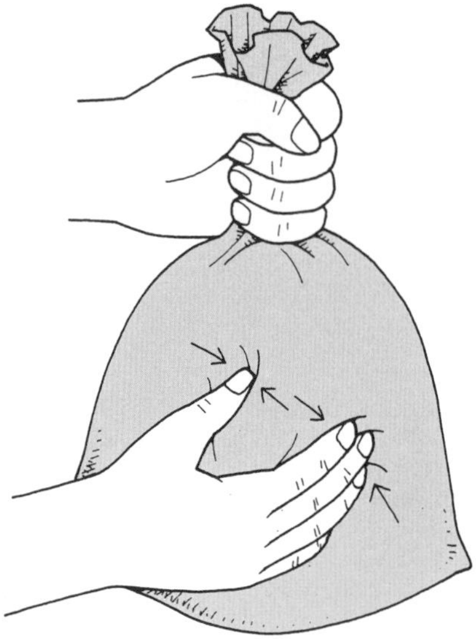

●實驗步驟：

■打開塑膠袋口，攪一攪袋子，使它充滿空氣而鼓起。

■封住袋口，單手握著。

■以另一隻手用力擠壓袋子。

●會有什麼結果？

袋子不會被壓扁。

●為什麼？

由於袋內擠滿空氣分子，這時在袋外施加壓力，袋內的空氣分子就會向外推，因此，袋子不會被壓扁。

8 背負著乒乓球的米

第一部　你可曾注意「物質」的性質

●實驗目的：觀察兩樣東西不能同時佔有同一空間的情形。

●要準備的東西：
有蓋的廣口瓶
乒乓球（或核桃）
米

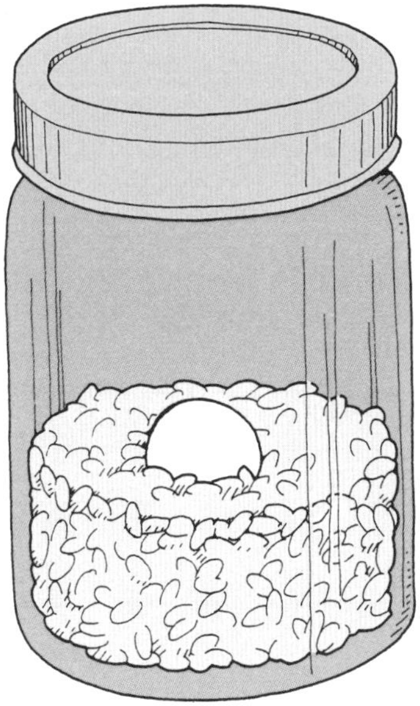

●實驗步驟：

■放入約為瓶子四分之一量的米於瓶底。

■將乒乓球放進瓶內，蓋上瓶蓋。

■把瓶子倒立。若球不能完全埋入米中，須再加米。

■劇烈搖晃瓶子，但不可上下搖動。

●會有什麼結果？

球會浮在米上。

●為什麼？

米粒之間有空隙，所以，當搖動瓶子時，米粒間的空隙小而往下沈，乒乓球因而被推上來。因此，兩樣東西不能同時佔據同一空間，所以在實驗中產生了乒乓球被米堆推上浮起的結果。

9 會讓位的水

●實驗目的：觀察兩樣東西不能同時佔有同一空間。

●要準備的東西：
- 透明的玻璃杯
- 彈珠　六顆
- 有色膠帶

●實驗步驟：
- 杯中加入二分之一量的水，然後在杯外水的高度處以膠帶做記號。
- 傾斜杯子，將一顆顆的彈珠滑入杯中。
- 把杯子擺正，觀察水位的高度。

●會有什麼結果？

放入彈珠後的水位比還沒放入彈珠的水位高。

●為什麼？

水和彈珠都是物質，無法同時佔據同一空間，所以，將彈珠放入水中時，彈珠就佔據了水原有的空間，水因為空間被擠掉，而必須另外找空間佔據。所以，實驗中水位上升的原因就在這裏。

10 垂頭喪氣的氣球

●實驗目的：觀察在瓶中的氣球是否會鼓起。

●要準備的東西：瓶口小的空瓶
氣球（為可放入空瓶的大小）

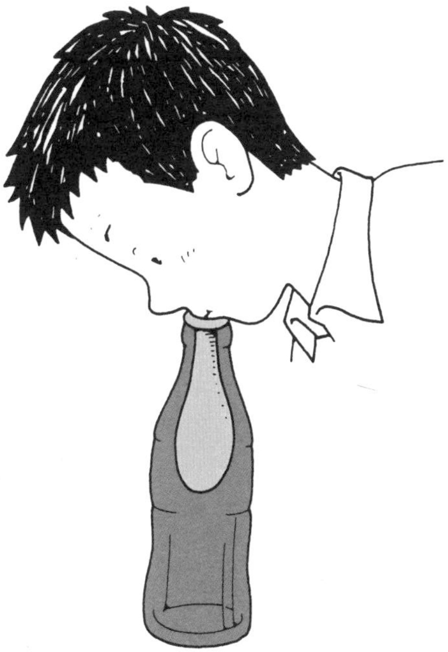

●實驗步驟：

■把氣球口抓住，而將氣球尾端塞入空瓶內。

■將氣球口向邊緣瓶口外摺，且往下拉固定住。

■對著氣球口吹氣，讓氣球可以在瓶中鼓起來。

●會有什麼結果？

氣球只會鼓起一點點。

●為什麼？

瓶內原本就充滿著空氣，因此，將氣吹入氣球後，瓶內的空氣會互相擠壓。所以，在瓶中的氣球受到瓶內空氣的壓制，只能鼓起一點點。

11 空氣也可當防水閘

●實驗目的：雖然我們眼睛看不見空氣，但此實驗可證明空氣仍佔有一定的空間。

●要準備的東西：玻璃杯
紙片
水桶

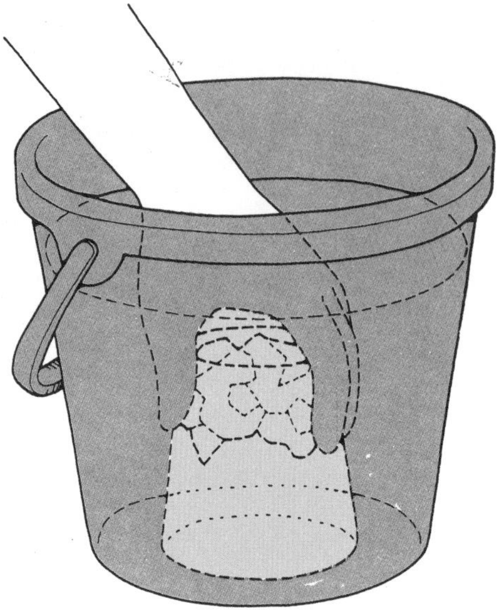

●實驗步驟：

■在水桶內倒入一杯水。

■把一團紙張壓在杯底。紙若會掉落，必須調整紙張大小，使它能固定在杯底。

■將玻璃杯倒放在裝水的水桶裡。這時杯子千萬不要傾斜。

■把玻璃杯從水桶中拿出，觀察杯內紙張的情形。

●會有什麼結果？

紙張是乾燥的。

●為什麼？

玻璃杯內雖然有紙張，但是，玻璃杯內的空氣會阻止水桶的水進入杯裏，所以，杯內的紙張仍保持乾燥。

12 一加一不等於二

●實驗目的：觀察物質與空間的關係。

●要準備的東西：
透明的玻璃瓶（果醬瓶）
砂糖　一杯
容量較小的玻璃杯
有顏色的膠帶
油性的簽字筆

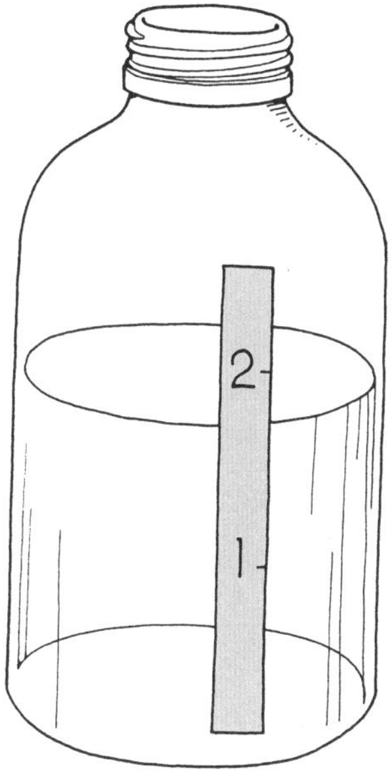

●實驗步驟：

■首先製作計量瓶。

■把一杯份量的水倒進瓶中，然後在瓶外水位高度處，用膠帶貼上以做記號。

■再倒進一杯水於瓶中，同樣地於瓶外水位處，用膠帶做記號。

■將瓶內的水全倒掉，讓瓶內乾燥。然後在瓶內放進一杯砂糖，必須確定砂糖的高度與瓶外第一次所做的記號高度吻合。

■倒一杯水於瓶內，並加以攪拌，至瓶中的糖和水均勻溶解的程度。

●會有什麼結果？

糖水的高度比第二次所做的瓶外記號低。

●為什麼？

水和糖同是物質，所以，不能同時佔據同一空間。當放入糖後再加水攪拌，此時糖已溶解，不再是固體，糖粒之間的空隙就被水侵入，因此，糖水的高度會比放入兩杯水的高度低。

13 酒精消失之謎

●**實驗目的**：觀察水分子有間隙的現象。

●**要準備的東西**：
計量瓶（實驗12・）
計量杯
水　一杯
消毒酒精（70%）　一杯
藍色食用色素

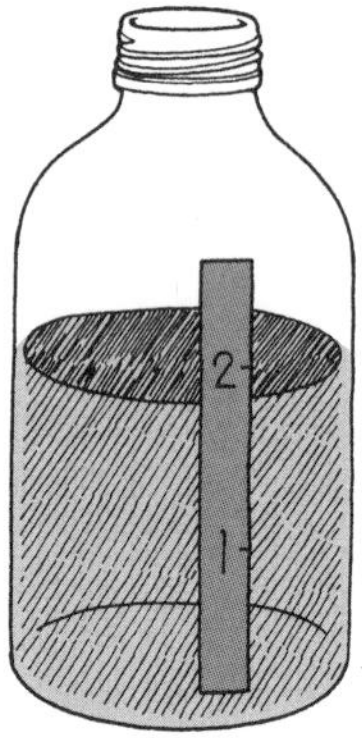

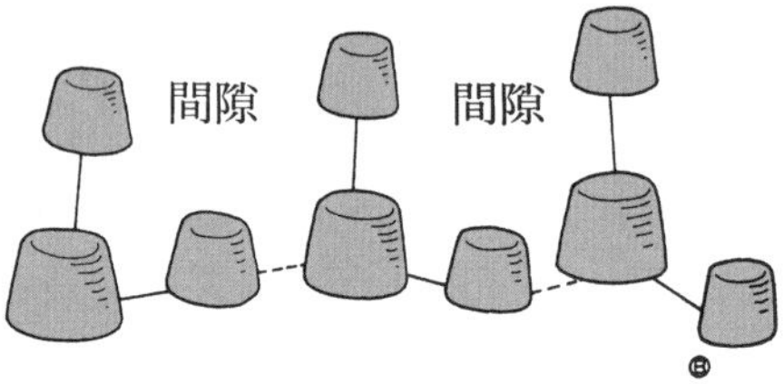

●**實驗步驟**：

■為了便於觀察，在水中加入藍色食用色素數滴。

■將藍色水倒入計量瓶。

■然後再倒一杯消毒酒精於計量瓶內。

■觀察溶液有何變化。

●**會有什麼結果？**

溶液高度低於計量瓶外的第二刻度。

●**為什麼？**

水分子間是互相連接的，形成如口袋般的間隙（如圖示B）。在水分子間如口袋般的間隙中，酒精可隨意的進出，所以，就產生酒精減少的現象，因而酒精和水的混合液較放入兩杯水的高度低。

14 瓶內的水中電梯

●實驗目的：觀察墨水滴管會隨著管內液體的比重改變而上升或下降。

●要準備的東西：墨水滴管（可放入瓶內）
果汁空瓶
小氣球

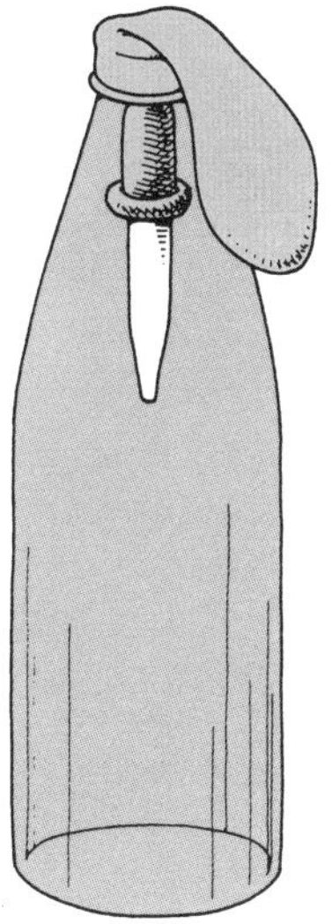

●實驗步驟：

■在空瓶內裝滿水。

■用墨水滴管吸一點水，然後放入瓶中。

■墨水滴管會浮上來。若下沈，須調整墨水滴管裡的水，使其可浮起來。

■再次加滿瓶內的水，然後把氣球口套裝在瓶口上。

■將氣球一壓一放，觀察墨水滴管有何變化。

●會有什麼結果？

在瓶內的墨水滴管一會兒浮起來，一會兒又下沈。

●為什麼？

一壓氣球，水會跑進墨水滴管，導致墨水滴管下沈；相反地，一放氣球，瓶內的壓力減小，多餘的水會從墨水滴管內跑出，因而墨水滴管會浮起來。物體的重量改變而其原本的大小不變，則為比重變。所謂「比重」，是指對於一定大小體積的物體重，即單位體積內的物體重。而實驗中就是由於墨水滴管內比重的改變而導致上升或下降的現象。

15 魔術水

●實驗目的：觀察蛋在比重不同的液體中其情形。

●要準備的東西：透明玻璃杯（以能放入蛋的大小）二只

鹽　三大茶匙

小一點的蛋　二個

牛奶　四分之一茶匙

●實驗步驟：

■在兩只玻璃杯內各倒入四分之三的水。

■加四分之一茶匙的牛奶於其中一個杯中。

■另一個玻璃杯內倒進三大茶匙的鹽，然後加以攪拌均勻，註明此杯為魔術水。

■把兩個蛋各放置在兩只玻璃杯內。

●會有什麼結果？

註明為魔術水的玻璃杯內，蛋會浮起；而另一杯杯中的蛋則下沈。

★注意：在魔術水中的蛋若無法浮起來，必須再加些鹽，使蛋能浮起來。

●為什麼？

加牛奶於其中的一只玻璃杯內的目的，只是為了達到與魔術水看起來同樣是白色的效果。在實驗中蛋比鹽輕，所以會浮起來；另一杯中蛋比水重，因而會下沈。

第二部　用肉眼來觀察各種「力」

16 沒有加熱的水會沸騰

●**實驗目的**：觀察不經加熱的水看起來會沸騰的現象。

●**要準備的東西**：
棉質的手帕
透明玻璃杯（表面光滑）
橡皮圈

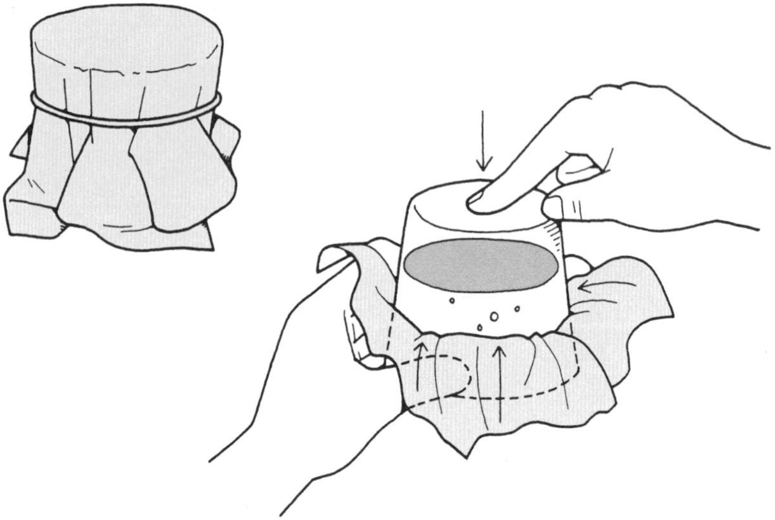

●**實驗步驟**：

■弄濕手帕，絞乾多餘的水分。

■玻璃杯內裝滿水。

■把濕手帕覆蓋在玻璃杯口。

■利用橡皮圈栓住手帕於玻璃杯中間部位，並使手帕緊貼玻璃杯。

■用手指將杯口中的手帕輕壓入水面下約二・五公分的深度。

■將玻璃杯拿起，用單手托住杯底，然後將它倒立。此時玻璃杯會流出少量的水，所以最好在水槽內做實驗。

■一隻手握住倒立的玻璃杯底，讓手帕的邊緣自然垂下；另一隻手輕壓杯底，使玻璃杯更深入手帕裏。

●**會有什麼結果？**

杯內的水好似在沸騰的樣子。

●**為什麼？**

棉手帕有細微的纖維組織，這些組織有間隙，水會聚集在空隙間。玻璃杯中的水不會穿透手帕而流出，是因為水分子會彼此互相吸引，而形成一片薄膜封住手帕的組織間隙。將玻璃杯倒立，用手指壓抵杯底時，手帕會被拉張開來，此時，杯內的上方會形成真空部分，加上外面的空氣透過手帕空隙進入，而在水中形成小泡泡，看起來好像是沸騰的樣子。

17 上升的水

第二部　用肉眼來觀察各種「力」

●實驗目的：改變芹菜的顏色。

●要準備的東西：鮮綠的芹菜
綠色的食用色素
透明的玻璃杯　一只

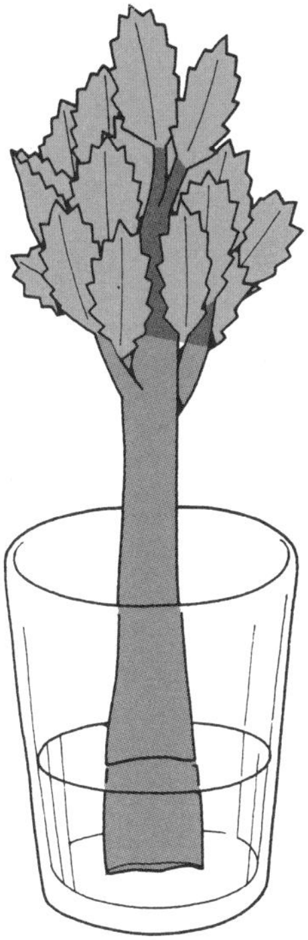

●實驗步驟：

玻璃杯內倒入四分之一量的水。
在水中加綠色的食用色素，形成深綠色的溶液。
切除芹菜的根部。
切除後，將芹菜放在深綠色的溶液中。
靜置二十四小時後，再觀察芹菜變化的情形。

●會有什麼結果？

原為淡綠色的芹菜變成深綠色。

●為什麼？

植物的莖部有根細管，深綠色的溶液可從莖部直通至葉部。芹菜置於深綠色溶液中，細管內的空氣壓力比管外低，因此，杯內的水會被房間中的空氣壓力往上推，而芹菜變成深綠色，就可證明水是往上升的。這種液體在細管中移動的現象，則稱為「毛細管原理」。

18 勞燕分飛的張力

●實驗目的：觀察水分子之間互相吸引的力量。

●要準備的東西：牙籤 三支
廚房用的清潔劑
玻璃盆

●實驗步驟：

■玻璃盆裡倒進四分之三量的水。
■將兩支牙籤平放在水中央。
■將第三支牙籤的一端塗抹少量的清潔劑。
■把第三支牙籤塗有清潔劑的那端，放在浮於水面上兩支牙籤的中間。

●會有什麼結果？

浮在水面上的兩支牙籤會立即分開。

●為什麼？

水的表面好像一張拉緊的薄膜，清潔劑一接觸水面會破壞水分子之間彼此的吸引力。因此，原本並排平放在水面的兩支牙籤，會立刻分開來。這種情形就好像水分子之間彼此在拔河，繩一斷，拔河的雙方都會往後傾的道理是一樣的。

19 水和酒精的對抗

●實驗目的：觀察水和酒精拉力的不同處。

●要準備的東西：
鋁箔紙（四邊各三十公分）
消毒酒精
食用色素（紅或藍）
墨水滴管
水
玻璃杯　二只

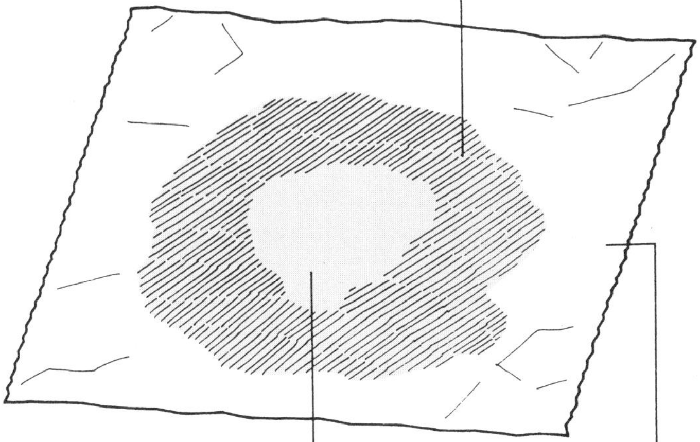

●實驗步驟：

■在一個玻璃杯內倒入一半的水，然後滴數滴色素，形成深色溶液。
■在另外一個玻璃杯裡倒入四分之一量的酒精。
■將鋁箔紙平放在桌面上。
■在鋁箔紙上倒少量的深色溶液。
★注意：水層愈薄愈好。
■用墨水滴管在鋁箔紙上滴一滴酒精。

●會有什麼結果？

水會像逃避般地移開；而酒精則在鋁箔紙上形成薄層。因為水分子有拉力，所以，在水與酒精的交界處，會形成波浪般的移動。

●為什麼？

水分子會以同樣的力量相拉，而形成一層薄膜。當酒精一接觸水，兩種液體彼此會立刻分開，也就是酒精想離開水；水也想離開酒精。結果，水佔優勢，擴散到酒精的外側，而酒精卻在鋁箔紙上形成一層薄層。此外，水分子又會互相重疊，所以，在酒精薄層的周圍會形成波浪狀，這是因為水分子和酒精分子彼此因相拉而顫動著，這種情況一直到兩種液體完全混合才會停止波動。

20 輸給重力

●實驗目的：證明表面張力弱的時候，會受重力的影響。

●要準備的東西：

消毒酒精

小型廣口瓶（果醬瓶）

吸管

紅色或藍色的食用色素

黏土　一小塊

●實驗步驟：

■將黏土壓在瓶底內。

■倒入一半量的酒精於瓶內。

■再加入數滴色素於瓶中。

■把吸管放進瓶內，吸管的下端插入黏土塊中，使吸管可以垂直站立。

■在桌面上，將瓶子快速倒立。

■然後再把瓶子反過來平放在桌面上。

■觀察吸管內的情形。

●會有什麼結果？

酒精會從瓶內及吸管內流出。

●為什麼？

由於酒精分子彼此相拉的力量不大，所以，吸管內的空氣壓力無法支撐液體，再加上重力的作用，因此，酒精會流出來。若不用酒精，改用水，情況會如何呢？與下一個實驗比較看看有何不同？

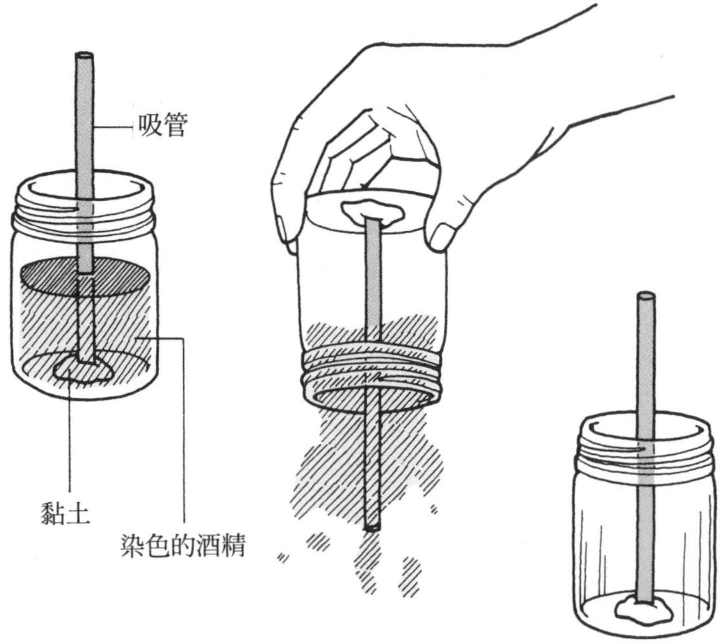

●實驗目的：觀察比重力強的力量。

●要準備的東西：小型廣口玻璃瓶
吸管
黏土　一小塊
紅色或藍色的食用色素

●實驗步驟：

■將黏土壓在瓶底內。

■在瓶內倒進一半的水，再加入數滴色素與水混合。

■把吸管放進瓶內，吸管的下端插在黏土塊中，使吸管可以垂直站立。

■在水槽內，將瓶子快速倒立。

■然後再把瓶子反過來平放在桌面上。

■如果吸管內有液體，看看其高度。

●會有什麼結果？

水仍留在吸管內，吸管內水的高度與瓶子未倒立前的高度一樣。

●為什麼？

水分子會以同樣的力量相拉，而形成一層薄膜。當瓶子倒立時，吸管內的空氣壓力會將水往上推，加上水分子的左右拉力，比水往下掉的重力大，因此，將瓶子倒立時，水仍會留在吸管內。

22 水的表面張力

●實驗目的：觀察水比容器邊緣高的原因。

●要準備的東西：茶杯
小碟子
迴紋針
墨水滴管

●實驗步驟：

■將茶杯放在小碟子上。

■茶杯裏裝滿水。

■用墨水滴管繼續加水，一直加到水快溢出時才停止。

■將迴紋針放進茶杯，一直到水溢出才停止。

●會有什麼結果？

水面會比茶杯邊緣高並且呈鼓起的狀態，每放進一枚迴紋針，水面愈高，最後水越過杯緣流出。

●為什麼？

水比容器邊緣高時，通常不會溢出。這是因為水分子之間彼此相拉，產生一種水的「表面張力」，所以，水的表面會鼓起。當水鼓到無法支撐時，才會溢出。

23 任性的紙

第二部　用肉眼來觀察各種「力」

●實驗目的：觀察紙好像會依自己的意思而移動的現象。

●要準備的東西：直徑為五公分內的玻璃杯
墨水滴管
紙
打孔機
牙籤

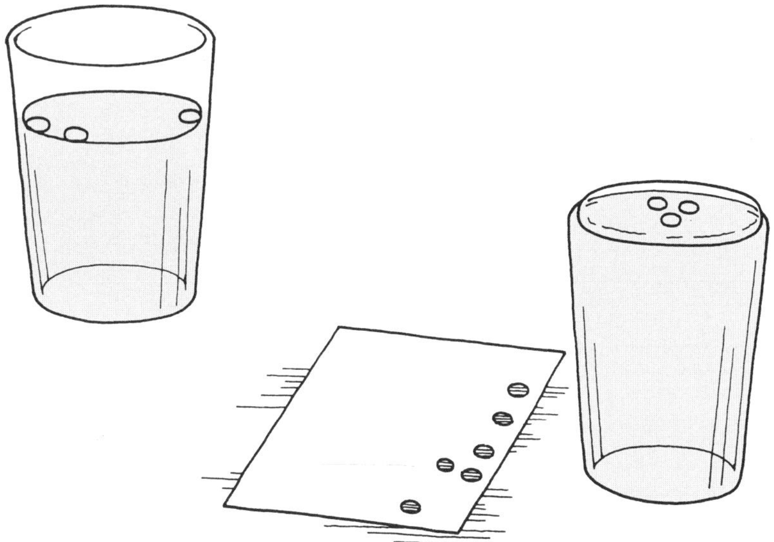

●實驗步驟：

■在紙上以打孔機打下約三、四個小圓紙。

■在玻璃杯內倒進約八分滿的水。

■等水平靜無水紋後，再放入小圓紙，小圓紙會浮起。

●會有什麼結果？

①數秒鐘後，小圓紙向杯邊移動：將剩餘的小圓紙放進水中，然後以牙籤將小圓紙引至水的中央。

②紙仍然向杯邊移動：把小圓紙全部拿掉，然後在玻璃杯內加滿水，再以墨水滴管慢慢滴加水，一直加到水快溢出時才停止。待水平靜無紋後，把小圓紙放在水的中央。用牙籤試著把小圓紙移至杯邊，此時須小心，不要讓水溢出來。

③紙向水的中央移動。

●為什麼？

當水是八分滿時，水分子之間雖有相互的拉力，但仍被玻璃分子強拉過去，因此，小圓紙會向杯邊移動。而在水面快溢出的玻璃杯中，因為上面的水分子沒有接觸到玻璃分子，所以不會被玻璃分子強拉著，因而由於水分子之間的相互拉力，小圓紙會向水的中央聚集。

24 像磁石般的水

●實驗目的：觀察水分子之間相拉的情形。

●要準備的東西：
玻璃紙（四邊各三十公分）
墨水滴管
筷子
水

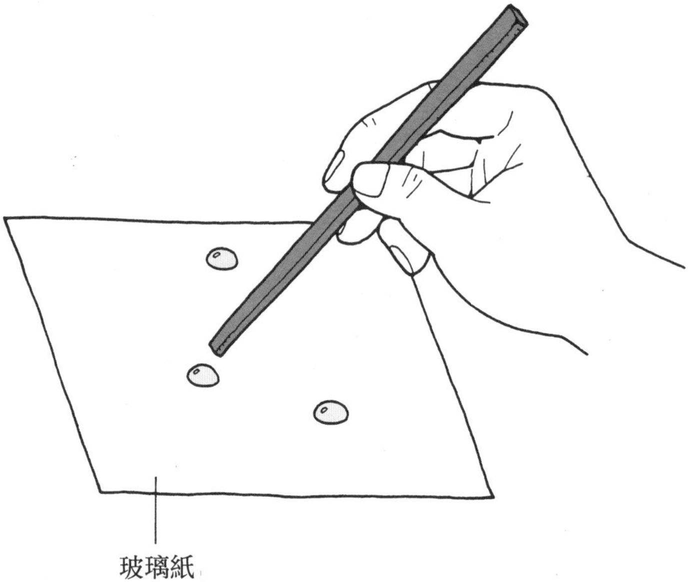

●實驗步驟：

■把玻璃紙攤開在桌上。

■用墨水滴管在玻璃紙上分別滴三或四滴的小水珠。

■將筷子沾濕。

■以不觸及水珠的方式，將筷子小心接近玻璃紙上的水珠。

●會有什麼結果？

水珠順著筷子的方向移動。

●為什麼？

水分子之間有相互的拉力，因此，水珠會順著筷子的方向移動。水分子之間有相互的拉力，是因為水分子都具有正、負電，所以，某一個水分子的正電會吸引另一個水分子的負電。

25 萬流歸一

●實驗目的：觀察將水流抓起，分別竄流的水仍會合而為一的現象。

●要準備的東西：紙杯（容量須一八〇毫升以上）一個
鉛筆

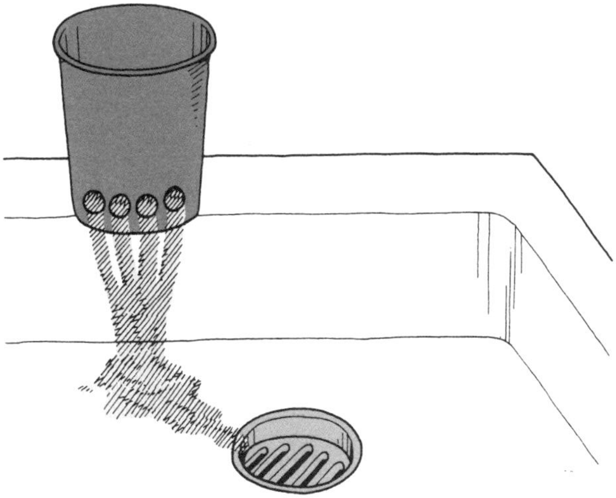

●實驗步驟：

■在靠近紙杯底部的地方以鉛筆挖四個洞，洞要彼此相近。

■將紙杯靠放在水槽台邊，洞面向著水槽台的中央。

■在杯內倒滿水。

■用拇指和食指抓流出的水流。

●會有什麼結果？

水從四個洞分別流出，以手抓水流，水最後仍合而為一。紙杯的洞必須挖接近些，才會匯聚成水流；若洞相離太遠，則不易匯聚成水流，這點須特別注意。

●為什麼？

水分子之間有相互吸力，用手撥開它，水最後仍會匯聚一起成水流。

26 水中大競賽

●實驗目的：比較肥皂與洗潔劑有何不同？

●要準備的東西：
肥皂水
洗潔劑
水
牙籤　二支
痱子粉
小型的洗臉盆　二個

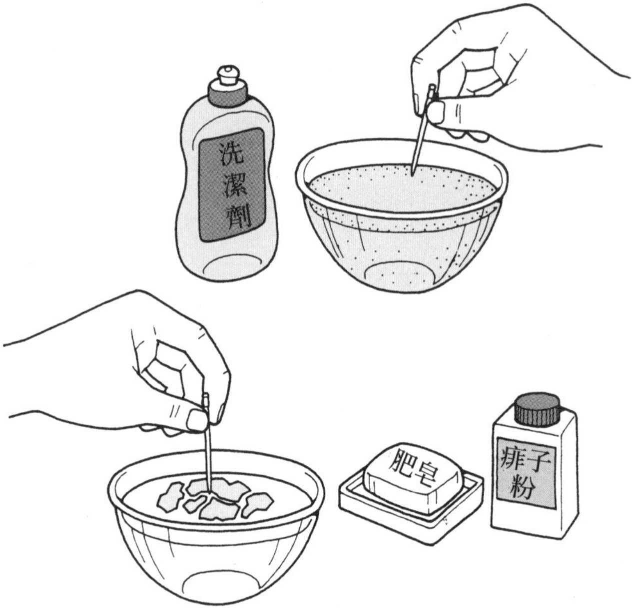

●實驗步驟：

■兩個洗臉盆內分別倒進水。盆內撒上痱子粉，水面上會形成薄膜。

■將牙籤沾肥皂水，碰觸第一個洗臉盆的盆中央處。

■觀察盆內的動態。

■再以牙籤沾洗潔劑，碰觸第二個洗臉盆的盆中央處。

●會有什麼結果？

第一個洗臉盆內的痱子粉一接觸到肥皂水，會形成一塊塊的流冰物；而第二個洗臉盆內的痱子粉接觸到洗潔劑時，會快速地往盆邊下沈。

●為什麼？

痱子粉會撥開水分子間的拉力，於是痱子粉粒就漂浮在水面上。在未接觸到肥皂水或洗潔劑前，盆內四方會以相同的拉力牽制，形成一張薄膜。當一接觸肥皂水時，水分子間的相互拉力被破壞了，因此，痱子粉會形成塊狀而向外側移動。而洗潔劑與肥皂水不同，它是中性的界面活性劑，會迅速擴散在固體的表面。所以，當倒入洗潔劑時，洗潔劑會溶解於水中，而痱子粉則會下沈到盆底。

27 切開後會神奇黏住的紙

第二部　用肉眼來觀察各種「力」

●實驗目的：觀察分子之間互相吸引的力。

●要準備的東西：漿糊
廣告紙　一張
剪刀
痱子粉

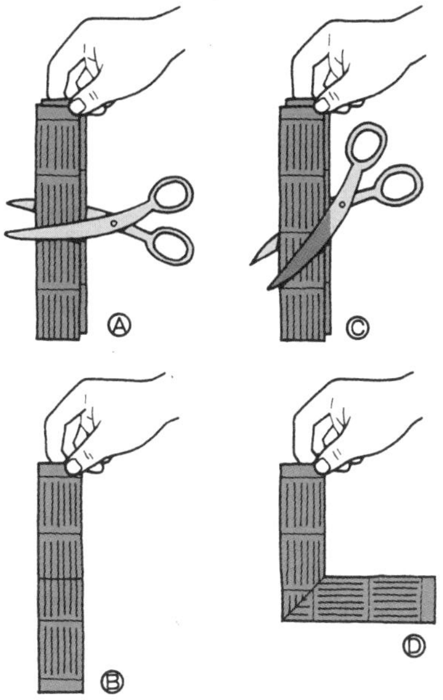

●實驗步驟：

■在廣告紙上塗滿漿糊。靜置二、三分鐘，使廣告紙稍乾觸摸時不會有黏感。

■把痱子粉撒在塗滿漿糊的紙上，用手輕抹痱子粉，使其平均分布在紙上。

■將紙剪成二・五公分寬的紙條。

■把二張剪好同樣大小的紙條相向接觸。

■不要以刀鋒剪，以剪刀的寬面處平剪兩紙條的一端。

★注意：小心剪，不要有壓擠的現象。(如圖示Ⓐ)

■輕輕拿起被裁剪開的一條紙的一端。

■把從中剪半的其中一張紙條的邊緣抓住並提高，使紙條自然垂下而伸長。

●會有什麼結果？

①二條短的紙條被取代，變成一張長形的書籤。(如圖示Ⓑ)

▽另外再拿兩張紙條，讓抹痱子粉的面相向接觸。

▽在兩紙條端以四十五度的方向裁剪。(如圖示Ⓒ)

▽把其中一張紙條的一端拿高。

②經裁剪的紙，會在裁剪處的地方相黏。(如圖示Ⓓ)

●為什麼？

被痱子粉覆蓋住漿糊的二張紙片接觸時，不會相黏。但以刀鋒剪紙時，有加上壓力，則切口處會有少量的漿糊被壓住，由於漿糊的分子會互相吸引，因此漿糊分子會封住切斷處的紙條，導致裁剪後的兩張紙條相黏。

28 浮游在空中的油珠

●實驗目的：觀察液體中的重力無法發生明顯作用的現象！

●要準備的東西：
透明的玻璃杯
消毒酒精　（二分之一杯）
水　（二分之一杯）
沙拉油
墨水滴管

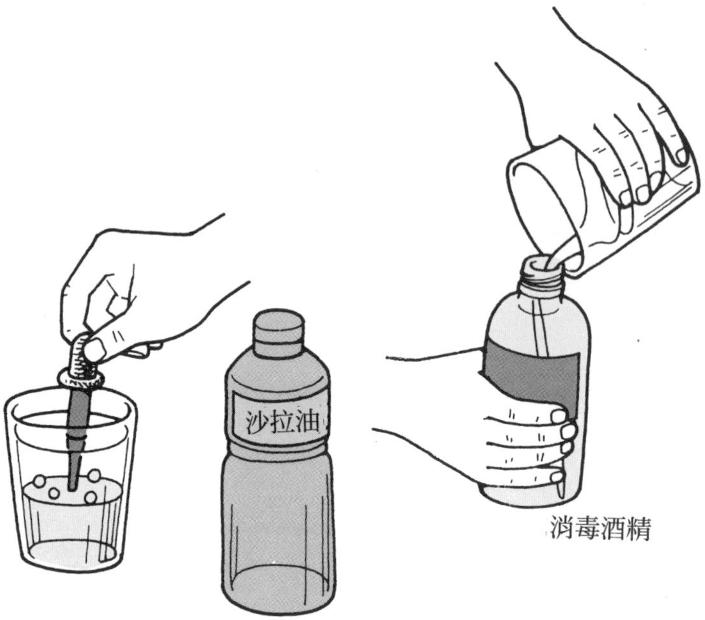

●實驗步驟：

■在玻璃杯內倒進二分之一杯的水。

■將杯子傾斜，再倒入二分之一杯的酒精。為了不使水和酒精相混合，注意不要搖動玻璃杯。

■用墨水滴管吸取沙拉油，滴數滴於玻璃杯內。

●會有什麼結果？

酒精在水面上形成一層薄膜，滴入的油成球狀，浮在水和酒精兩種液體之間。

●為什麼？

將酒精和水放入同一容器中，酒精因為輕，所以會浮在水面上。若劇烈搖動玻璃杯，兩液體會混合為一。油比水輕卻比酒精重，所以，油會浮游在酒精和水之間。當油被液體分子所包圍時，周邊有同樣的力量在互拉著，因此不受重力的影響，而形成表面積最小的球狀。

29 吹出肥皂泡泡

●實驗目的：製造肥皂泡泡。

●要準備的東西：
肥皂（或洗潔劑）
二十五公分長的鐵絲
玻璃杯

●實驗步驟：

■在玻璃杯內倒進二分之一杯量的肥皂劑。

■再裝滿水，攪拌均勻。

■在鐵絲的一端做直徑三~四公分的圈圈。

■將鐵絲圈放進洗潔劑和水的混合液中，鐵絲圈表面會形成混合液的薄膜。

■把鐵絲圈拿在離嘴十公分處。

■輕輕吹鐵絲圈上的那層薄膜。

●會有什麼結果？

會形成許多肥皂泡泡。若無法吹成肥皂泡泡，須再加些肥皂劑，直到能吹出肥皂泡泡為止。

●為什麼？

洗潔劑和水的分子結合，會形成大小不一的分子形狀。正因為這分子的形狀是不規則的，所以，經由吹氣後，會往外擴延伸展而鼓成泡泡。

第三部　全是身邊氣體的傑作

30 逃離的氣泡

●實驗目的：找出汽水起泡泡的理由。

●要準備的東西：透明玻璃杯
碳酸飲料

●實驗步驟：

■在玻璃杯內倒進二分之一杯的碳酸飲料。

■將玻璃杯放在桌上，觀察液體變化的情形。

●會有什麼結果？

汽水中的小泡泡會不斷往上升。

●為什麼？

碳酸飲料是在加了香料的水中溶解二氧化碳而製成的。其利用高壓的方式，把二氧化碳壓進液體中，然後立刻封住瓶口。因此，在碳酸飲料中含有很多的二氧化碳，而飲料中那些不斷上升的小泡泡，就是想要逃出瓶內的二氧化碳。

第三部 全是身邊氣體的傑作

31 冒泡的汽水

●實驗目的：觀察在碳酸飲料中加鹽，會起泡泡的現象。

●要準備的東西：小型的廣口玻璃杯
鹽
碳酸飲料

●實驗步驟：
■在玻璃杯內倒進半杯的碳酸飲料。
■再加入一茶匙的食鹽。

●會有什麼結果？
碳酸飲料的表面全是小泡泡。

●為什麼？
碳酸飲料中的小泡泡就是二氧化碳。鹽和二氧化碳同是物質，無法同時佔有同一空間。所以，當食鹽放入碳酸飲料中時，會把二氧化碳推擠出玻璃杯，而形成泡泡。同理，將二氧化碳氣體用其他物質替換時，也會形成泡泡。

32 一飛沖天

●實驗目的：使軟木塞從瓶口飛出去的原因何在？

●要準備的東西：
酒瓶
凡士林
乾燥酵母粉　一包
砂糖
能裝入廣口瓶的軟木塞　一個

●實驗步驟：
■把酵母粉倒進酒瓶內，再倒入半瓶的溫水。
■加一茶匙的砂糖於瓶內。
■以拇指壓住瓶口，然後猛烈地搖動酒瓶，使瓶內的東西能均勻混合。
■在軟木塞周圍塗上凡士林。
■用軟木塞封住瓶口。
■將酒瓶放在地上。

●會有什麼結果？
數分鐘後，軟木塞會飛離瓶口而沖入空中。

●為什麼？
酵母具有以糖和氧製造能量的機能，在製造能量的過程中會釋放出二氧化碳。所以，實驗中二氧化碳會在瓶中不斷地增加，使瓶內的壓力團提高，直至最後，軟木塞會被瓶中的壓力推出去。

33 用石灰水可檢驗二氧化碳

第三部 全是身邊氣體的傑作

●實驗目的：製作用來檢查二氧化碳的試劑。

●要準備的東西：
石灰（氧化鈣的通稱）
大號茶匙　一支
有蓋子的廣口瓶　二個（容量一公升）

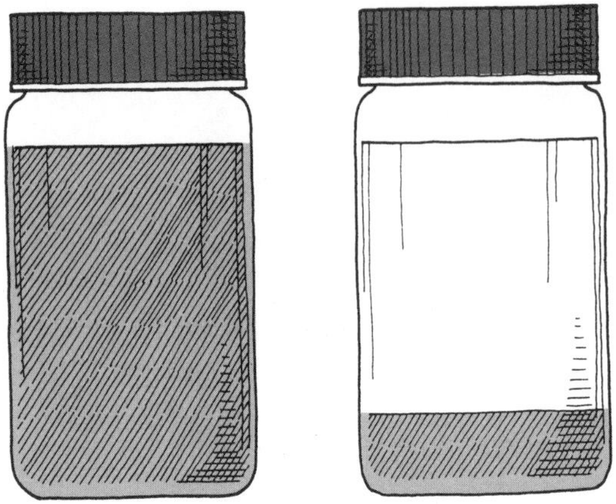

●實驗步驟：
■在瓶內裝滿水，加入一茶匙的石灰，攪拌均勻。
■蓋緊瓶蓋，靜置一夜。
■將靜置一夜的透明溶液倒入另外一個廣口瓶中。
★注意：瓶底沈澱的石灰不要倒入。
■瓶子加蓋保存。瓶內的石灰水可做為檢查是否有二氧化碳存在的試劑。

●會有什麼結果？
液體原本呈乳白色、不透明狀。經擱置一夜後，溶液已完全變為澄澈透明。

●為什麼？
一時無法溶解的石灰粒子，飄浮在水中，看起來像似乳白色並且呈不透明狀。欲待石灰小粒子完全沈澱，必須花費長時間。實驗中，靜置後的透明溶液就是石灰水（即氫氧化鈣，為飽和溶液）。為了避免空氣中的二氧化碳跑進去，所以必須將蓋子蓋緊。

34 呼氣的內容

●實驗目的：檢查呼氣時，是否含有二氧化碳成分的存在。

●要準備的東西：石灰水（製作的方法參見實驗33）
吸管
大型的玻璃杯

●實驗步驟：

■在玻璃杯內倒進半杯的石灰水。

■將吸管放入石灰水中吹氣。

■在石灰水的顏色未有明顯的變化前，必須不斷地吹氣。

●會有什麼結果？

透明的石灰水會變成乳白色。

●為什麼？

石灰水與二氧化碳混合，會變成乳白色。這是因為石灰水的化學物質和呼出的二氧化碳結合，會形成不易溶於水的白粉物，而這白粉物稱為石灰石（學名碳酸鈣）。待溶液靜置幾小時後，類似白粉狀的石灰石就會沈澱在杯底。

35 小小工廠的產物

第三部 全是身邊氣體的傑作

●實驗目的：觀察酵母反應時會釋放二氧化碳的現象。

●要準備的東西：
瓶子
糖
酵母粉末 半包
黏土
長四十五公分左右的塑膠管
石灰水

●實驗步驟：
■將半包酵母粉末放入瓶內。
■再倒進半瓶溫水於瓶中，加糖，然後以拇指壓住瓶口，劇烈地搖動瓶子，使瓶內的東西混合均勻。
■將塑膠管的一端插進瓶中。
■用黏土封住瓶口，使塑膠管固定在瓶內。
■在玻璃杯內倒入半杯石灰水，把在瓶外的那段塑膠管插入杯內。
■以固定時間，觀察其變化情形數天。

●會有什麼結果？
瓶內首先會起泡，不久，這些氣泡會通過塑膠管流進裝有石灰水的杯裡，使石灰水產生混濁。

●為什麼？
酵母具有以糖和氧製造能量的機能。酵母在製造能量的過程中，會釋放出二氧化碳，形成氣泡，二氧化碳通過了塑膠管而流進玻璃杯內，使石灰水產生混濁。而石灰水只有在二氧化碳進入時，才會產生混濁的現象。

36 噴火的火山

●實驗目的：製造會噴火的火山。

●要準備的東西：
小瓶子
大茶匙
洗臉盆
醋　一杯
碳酸氫鈉（蘇打）
紅色的食用色素
土

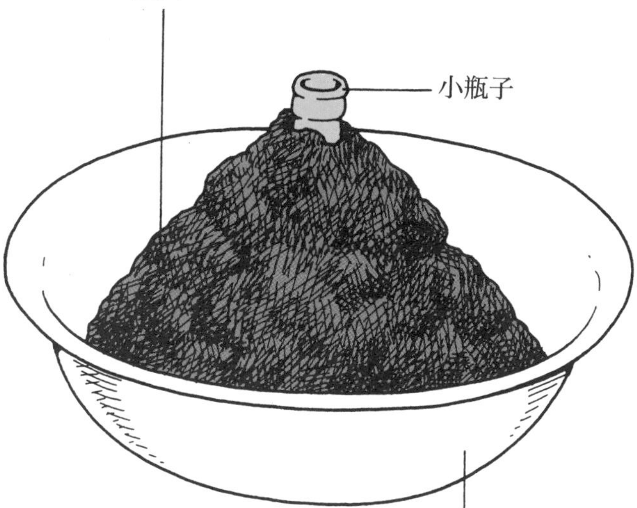

●實驗步驟：
■在洗臉盆內放進小瓶子。
■以沾濕的土在小瓶的周圍堆積成山狀。土不要堵住瓶口，也不要讓土跑進瓶內。
■在瓶內放進一大茶匙的碳酸氫鈉。
■將一杯量的醋用紅色色素染成紅色，然後倒入瓶內。

●會有什麼結果？
紅色的泡沫會從山頂（即瓶口）噴出。

●為什麼？
碳酸氫鈉和醋反應時，會釋放出二氧化碳。二氧化碳會在瓶內產生巨大的壓力，促使液體從瓶口噴出，而噴出的紅色泡沫，就是二氧化碳和液體的混合物。

37 咕嚕咕嚕的起泡聲

●實驗目的：研究一錠的製酸劑能持續產生多少氣泡。

●要準備的東西：

製酸劑　一錠
瓶子
玻璃杯
黏土　一小塊
長四十五公分的塑膠管

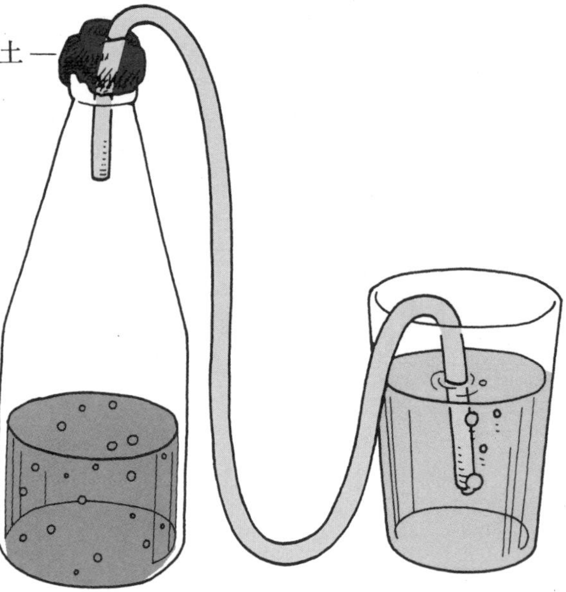

●實驗步驟：

■在瓶內倒進半瓶水。
■在塑膠管端約五公分處，以黏土包起來。
■在玻璃杯內倒入二分之一杯的水。
■把塑膠管另一端插進玻璃杯內的水中。
■將製酸劑弄碎，放進瓶裡。
■馬上把包有黏土端的塑膠管插進瓶中，再用土封住瓶口。
■拿筆記錄時間。
■從起反應到停止起泡為止，記錄所花費的時間。

●會有什麼結果？

製酸劑與水反應時，會產生許多氣泡。

●為什麼？

製酸劑所含有的酸性物質及碳酸氫鈉，當其和水反應時，會釋放出二氧化碳，二氧化碳通過塑膠管，在杯內產生氣泡，直到反應完畢時，才會停止產生氣泡。（使用產生泡泡的沐浴乳來代替製酸劑，也可以完成這項實驗。）

38 保持青春的維他命C

第三部　全是身邊氣體的傑作

●實驗目的：水果的顏色會改變，與氧有關。

●要準備的東西：蘋果
維他命C片（粉末也可以）

●實驗步驟：

■將沒削皮的蘋果切成兩半。

■把維他命C片磨碎（若為粉末可直接使用），然後撒在其中一片蘋果上；另一片則不撒。

■兩片蘋果不要用任何東西覆蓋，靜置一小時。

■觀察兩片蘋果的顏色有何不同。

●會有什麼結果？

沒撒上維他命C的蘋果會變成褐色，而撒上維他命C的蘋果不改變其原來的顏色。

●為什麼？

蘋果、梨子、香蕉等水果，接觸到空氣時，果肉的顏色會改變，這是由於酵素的化學反應所引起的。果肉中的酵素一旦與氧結合，會改變水果的顏色和味道，並呈褐色的現象。若在果肉上撒維他命C，則會隔絕果肉中的酵素與氧結合，果肉因而不會改變顏色。

39 變變變：顏色瞬間消失法

●實驗目的：觀察顏色像變魔術一樣瞬間消失的現象。

●要準備的東西：

紅色的食用色素
漂白劑
墨水滴管
玻璃杯

●實驗步驟：

★注意：要小心使用漂白劑，不要讓小孩單獨做這項實驗。若漂白劑不小心溢出或觸及，必須立刻用大量清水沖洗。

■在杯內倒進半杯水。

■再加入數滴紅色色素於杯內，然後攪拌均勻。

■以墨水滴管吸取漂白劑，滴數滴於染成紅色的水中。

■不斷滴入漂白劑，直到紅色的水變成無色才停止。

■在無色的液體中，再滴進一滴紅色色素。

●會有什麼結果？

在染有紅色色素的水中，加進漂白劑後，會褪色。若在此液體中，再滴入紅色色素，會看到像變魔術般的有趣現象：當紅色色素一接觸到液體時，其顏色會瞬間消失不見。

●為什麼？

漂白劑含有次氯酸鈉，這化學物質在反應時會析出氧。氧與色素結合，會形成無色的化合物。所以，當漂白劑加入紅色的水中時，紅色液體會漸漸褪色。若在變為無色的液體中，再滴進紅色色素，因為漂白劑有褪色的作用，因而，滴入的紅顏色會瞬間消失不見。

40 顏色會愈變愈淡

●實驗目的：觀察漂白劑使液體褪色的現象。

●要準備的東西：
小瓶子
紅色的食用色素
茶匙
粉末狀的漂白劑

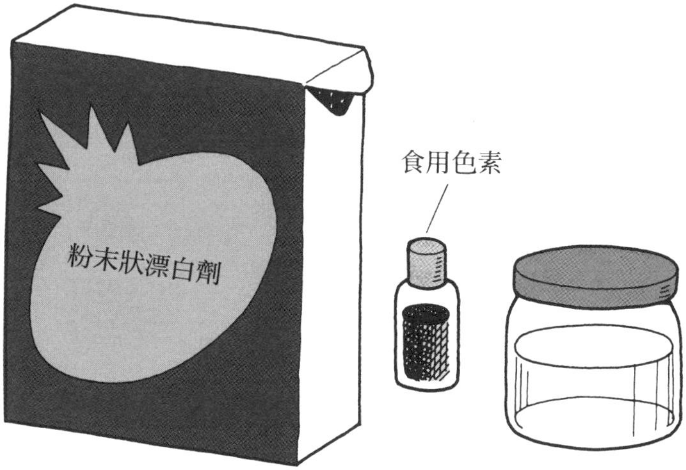

●實驗步驟：
加半瓶水於小瓶子中。
瓶內加進數滴色素，然後攪拌均勻。
再加入一茶匙的漂白劑，攪拌均勻。
靜置十五分鐘。

●會有什麼結果？
紅色的液體起初顏色變淡，最後會慢慢褪色變成無色液體。

●為什麼？
當漂白劑加入液體時，所析出的氧會漸漸游離出來而與紅色色素結合，最後液體會褪色成無色的透明液體。

41 製造舊報紙

●實驗目的：觀察報紙突然變舊的現象。

●要準備的東西：報紙
陽光可照射到窗邊（或汽車內）

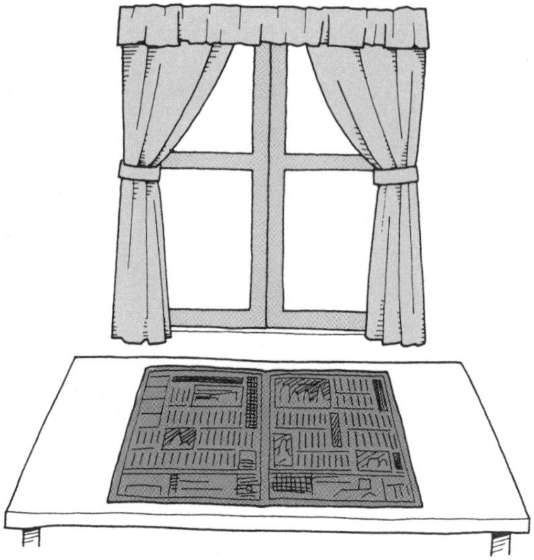

●實驗步驟：

■將報紙攤開在陽光可照射得到的窗邊（或汽車內）。

■靜置五天。

●會有什麼結果？

報紙突然變舊、變黃。

●為什麼？

這項實驗中報紙產生的反應和其他物體與氧的反應，有著相反的結果，這是比較特殊的一點。通常，普通物體加氧會變得較鮮明。而印製報紙的紙質顏色，原本是黃色的，為了讓紙變白，所以使用一些化學物質，有去氧的作用，因此，紙就會變白。而實驗中把報紙放在車內或窗邊，陽光與空氣會使報紙變得溫暖，使氧易與報紙的化學物質結合，導致報紙會恢復成原來的黃色。至於讓報紙放在陽光下或車內，只不過是加快報紙變黃、變舊的速度。

42 探究生銹的秘密

●實驗目的：觀察防止鋼絲生銹的保護膜效果。

●要準備的東西：
沾有肥皂水的鋼絲團
剪刀
紙巾　一張
盤子
醋　半杯
鉛筆

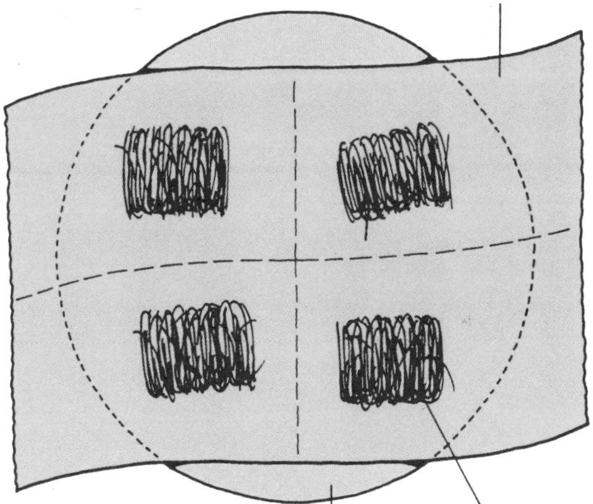

●實驗步驟：
■把鋼絲剪成四等分。將熱水澆在其中二份鋼絲上，儘量把肥皂水沖乾淨。
■將其中洗淨肥皂水的鋼絲一份及另一份沾有肥皂水的鋼絲放進醋中。紙巾用鉛筆畫成四部分，分別標記上號碼。將紙巾放在盤子上。
■從醋裡取出那兩份鋼絲，甩去水分。將四份鋼絲，依照下面的指示放置：
(a)已洗淨肥皂水又泡進醋裡的鋼絲。
(b)沾有肥皂水又泡過醋的鋼絲。
(c)已洗淨肥皂水仍保持潮濕的鋼絲。
(d)沾有肥皂水但保持乾燥的鋼絲，做為對照。
■把鋼絲靜置一小時後，每隔十分鐘觀察一次。

●會有什麼結果？

洗淨肥皂水又泡過醋的鋼絲，靜置十分鐘後，已開始生銹；沾有肥皂水又泡過醋的鋼絲，經過一小時後也開始生銹了，歷經二十四小時後，泡過醋的二個鋼絲，同樣都已生銹。仍洗淨肥皂水而保持潮濕的鋼絲，只有少許部分生銹。至於作為「對照」之用的鋼絲，沒有絲毫的變化。(作為「對照」用的東西，就是為了達成實驗目的而沒有加工的東西。)

●為什麼？

鋼絲含有鐵的成分，雖與氧結合而生銹，而肥皂水能隔絕氧與鐵接觸。至於醋會去除包著鋼絲的膜，使鐵與氧容易結合而生銹。以這種方式所產生的氧化鐵，是帶點紅色的茶褐色。大部分的人，認為生銹都是這種顏色，但是別種金屬與氧結合，所形成的生銹顏色，卻有別於這種茶褐色。

第四部　色彩和形狀很容易產生變化

43 穿上綠大衣的十元硬幣

●實驗目的：使十元硬幣呈現綠色的外貌。

●要準備的東西：盤子
紙巾　一張
十元硬幣　三～五枚
醋

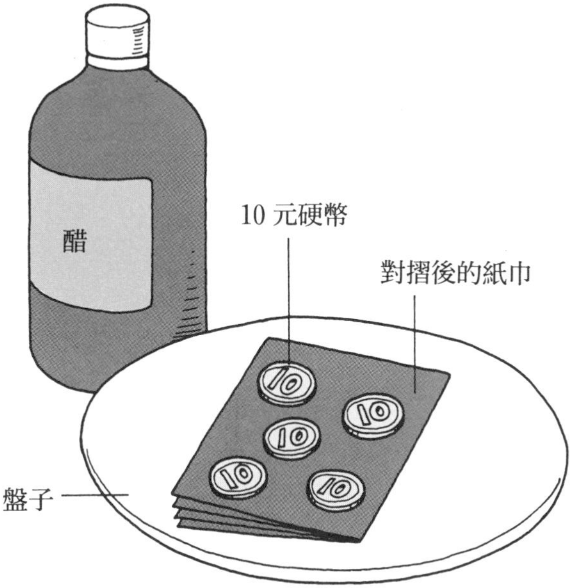

●實驗步驟：

■將紙巾對摺，再對摺一次。
■把對摺好的紙巾放在盤子上。
■用醋澆濕紙巾。
■將數枚十元硬幣放在被醋泡濕的紙巾上。
■靜置二十四小時。

●會有什麼結果？

十元硬幣的表面會變成綠色。

●為什麼？

醋的化學名稱是「醋酸」。醋酸中的醋酸離子，和十元硬幣的銅成分結合，會產生醋酸銅，使十元硬幣改變成綠色。

44 不打破而能脫殼的蛋

●實驗目的：觀察蛋不被打破而能脫殼的現象。

●要準備的東西：有蓋子的廣口瓶
新鮮的蛋　一個
醋（約五十毫升）

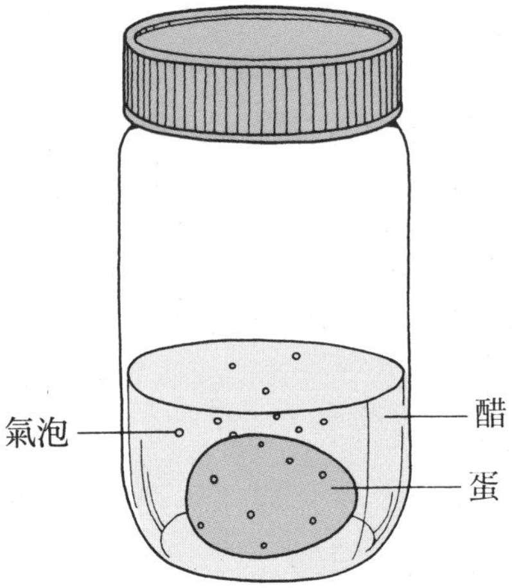

●實驗步驟：

■將蛋輕放在廣口瓶內，請小心勿打破蛋殼。

■把醋倒進瓶內，須淹沒整顆蛋。

■瓶子蓋上瓶蓋。

■立刻觀察瓶內的情形，二十四小時後，以固定的時間觀察數次。

●會有什麼結果？

蛋殼表面開始出現氣泡，經過一段時間後，氣泡的數量增加，二十四小時後，蛋殼消失。有時，蛋會浮在醋的表面上。至於脫殼的蛋，被白而透明的薄膜包著，所以能保持原形。此時，透過薄膜就能看到蛋黃。

●為什麼？

醋的化學名稱是「醋酸」，蛋殼是由碳酸鈣合成的。醋酸與碳酸鈣的反應作用，會使蛋殼溶化，並產生二氧化碳的氣泡。

45 利用馬鈴薯製造氧氣

第四部　色彩和形狀很容易產生變化

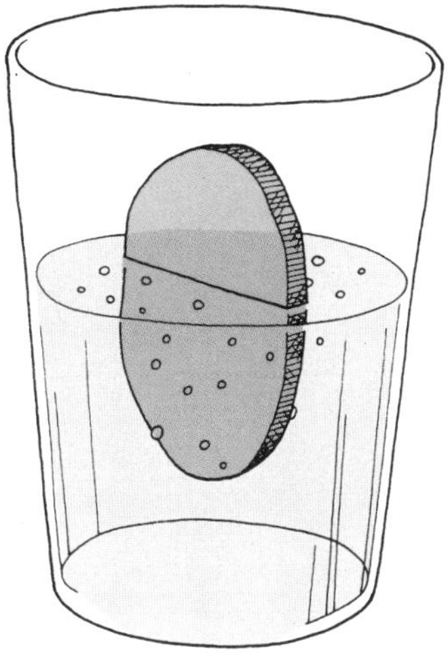

●實驗目的：利用馬鈴薯將過氧化氫分解出水和氧。

●要準備的東西：過氧化氫（俗稱雙氧水）
生的馬鈴薯
紙杯

●實驗步驟：

■裝半杯的過氧化氫於紙杯內。
■將馬鈴薯切成薄片，然後放入杯內。
■觀察杯內變化的情形，特別注意氣泡的出現。

●會有什麼結果？

杯內產生氣泡。

●為什麼？

生的馬鈴薯含有過氧化氫酶的酵素。酵素就是活細胞的化學物質，能把食物裡複雜的化學物質，快速分解成單純的物質。因此，馬鈴薯含有過氧化氫酶，能把過氧化氫快速分解成水和氧，而杯內產生的氣泡便是氧氣。

46 探究瓶底白色的膠狀物

●實驗目的：製造不會被水溶化的白色凝膠體。（譯者註：凝膠就是溶膠即是膠狀溶液，呈現凍膠性的固體狀，例如：瓊膠、蒟蒻、豆腐等。）

●要準備的東西：

明礬　半茶匙

純氨水　二茶匙

小型廣口玻璃瓶　一個

●實驗步驟：

■在瓶內倒入半瓶水。

■將半茶匙的明礬加進水裡，攪拌均勻。

■再加進二茶匙的氨水，攪拌均勻。

■靜置五分鐘

●會有什麼結果？

首先溶液變混濁，過了一會兒，開始有白色的膠狀物沈澱在瓶底。

●為什麼？

純氨水有氫氧化氨。明礬和氨水反應時，會分解出不溶於水的白色凝膠體，最後白色凝膠體會沈澱在瓶底。

47 鎂會變成牛奶

●實驗目的：製造像牛奶般的鎂溶液。

●要準備的東西：氨水　二茶匙
小玻璃杯　一個
瀉鹽（學名硫酸鎂）　一茶匙

●實驗步驟：
■瓶內倒進半瓶水。
■將瀉鹽放進水中攪拌均勻。
■再將氨水加入。
★注意：此時不可攪拌。
■靜置五分鐘。

●會有什麼結果？
當氨水放進溶有瀉鹽的溶液中時，會有像牛奶般的白色物質產生。

●為什麼？
氨水的化學名稱是「氫氧化氨」，而瀉鹽的化學名稱是「硫酸鎂」。當氨水與瀉鹽混合時，引起反應所產生的物質之一是氫氧化鎂。鎂是一種不溶於水的白色物質，經過一段時間後，本來浮著的白色物質會沈澱在瓶底。氫氧化鎂是名為「鎂氧乳」的一種藥的成分。為什麼會有「乳」這個名稱產生？是因為看似牛乳而以此命名。

48 綠色物質之謎

●實驗目的：將兩種液體混合，製成膠狀物。

●要準備的東西：
鋼絲團
醋
氨水　五大茶匙
小玻璃瓶　二個（其中之一必須附有瓶蓋子）

●實驗步驟：

■在瓶內放入至半瓶高的鋼絲團。
■倒進醋到能淹沒鋼絲的程度。
■以蓋子封住瓶口，且在瓶子外註明為醋酸鐵。
■靜置五天。
■在醋酸鐵溶液中，舀一茶匙溶液出來放進另一個玻璃瓶內，再加一大茶匙的氨水充分混合。

●會有什麼結果？

瓶內立刻有深綠色的膠狀物出現。

●為什麼？

鐵與醋混合反應成醋酸鐵。氨水（化學名稱是氫氧化氨）與醋酸鐵混合，會立刻反應，其反應式表示為：

氫氧化氨＋醋酸鐵→醋酸氨＋氫氧化鐵

★注意：物質交換，並沒有產生新的物質。如氫氧化氨和醋酸鐵反應前後，只有氨、鐵及氫氧化物和醋酸物質。在這反應中，原本是液體性的物質，後來却形成了膠狀物。其原因是在起化學反應時，最初有物質消失，經組合改變後，便形成另一物質，但是成分卻始終沒有改變。

（譯者註：這是以物質不滅的定理來說明的。）

49 摻有澱粉的顏色會改變

●實驗目的：以碘酒測試是否有澱粉存在。

●要準備的東西：小麥粉　四分之一茶匙（麵粉亦可）

碘酒

盤子

大茶匙

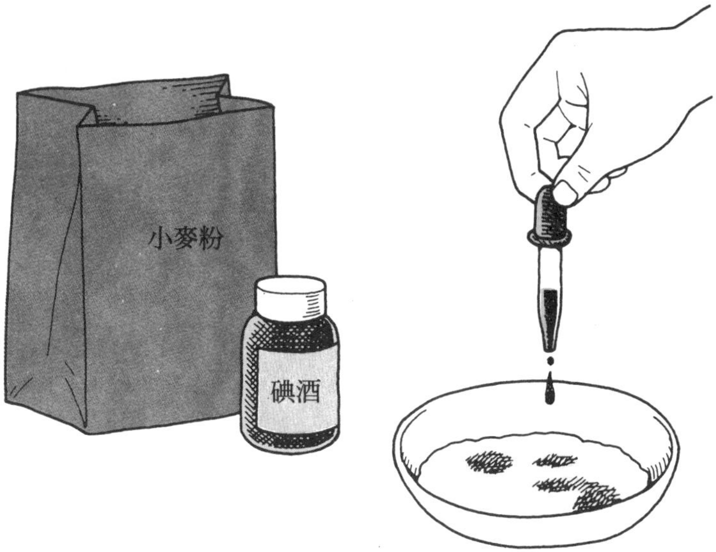

●實驗步驟：

■在盤子上放四分之一茶匙的小麥粉。

■加三茶匙的水，然後攪拌均勻。

■再滴入三、四滴碘酒。

●會有什麼結果？

小麥粉與碘酒混合，溶液顏色會改變為深藍紫色。

●為什麼？

小麥粉是以大分子的形式而組成的，其分子形狀像是突出的樹枝，又像是彎曲的鍊條形。在這螺旋鍊條中，當有碘依附在內側時，則變成深藍紫色，由此證明了小麥粉中含有澱粉。

50 測試有沒有澱粉存在

●實驗目的：測試許多物品裡是否有澱粉存在。

●要準備的東西：鋁箔紙
氨水　碘酒
作為測試用的物品有：紙
乳酪麵包　餅乾　砂糖　蘋果

●實驗步驟：

■在鋁箔紙上放好要進行測試的物品。

■在各個物品上滴一滴碘酒。

●會有什麼結果？

紙、麵包及餅乾變成深藍紫色，其他物品只變成碘酒原本的茶褐色。

●為什麼？

澱粉與碘結合，會呈現深藍紫色。當碘酒滴在物品上時，呈現出深藍紫色時，便可確定這件物品含有澱粉成分。

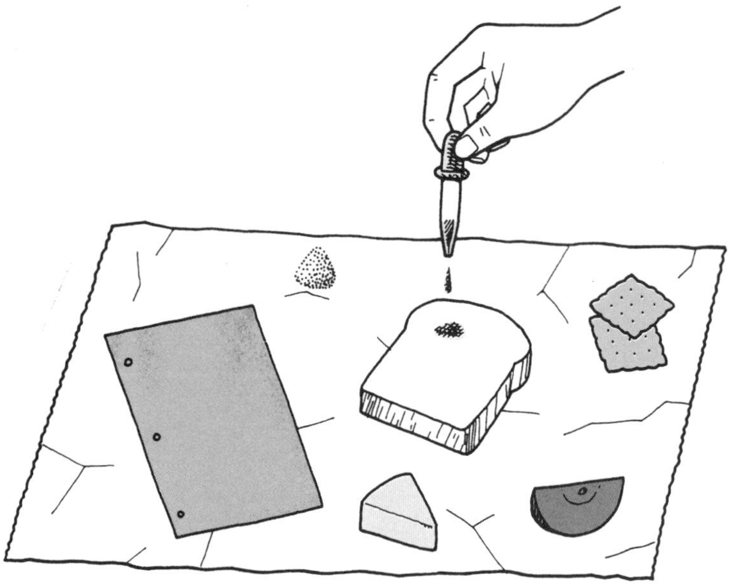

51 嘴巴裡面也會起化學反應

● 實驗目的：說明食物經嘴巴咀嚼，會產生化學反應。

● 要準備的東西：
麵包
碘酒
氨水
鋁箔紙

● 實驗步驟：
把麵包切成四邊各二・五公分的正方形塊，二塊。
將一塊麵包放進嘴裡咀嚼三十次，儘量使唾液佈滿麵包。
將咀嚼過的麵包吐放在鋁箔紙上。
再把另一塊未經咀嚼的麵包放在鋁箔紙上。
分別在兩塊麵包上滴四滴碘酒。

● 會有什麼結果？
未經咀嚼的麵包呈深藍紫色，而經過咀嚼與唾液混合的麵包，不會改變顏色。

● 為什麼？
麵包所含有的澱粉，會與碘反應形成碘澱粉分子，而呈現深藍紫色。經過咀嚼的麵包，唾液會讓麵包所含的澱粉的大分子發生變化，而形成小小的糖分子。(譯者註：澱粉是由許多複雜的葡萄糖組合而成的。) 因為糖分子不跟碘反應，所以，佈滿唾液的麵包不會改變顏色。

52 檸檬汁當墨水

●實驗目的：觀察文字與圖畫像魔術般出現的現象。

●要準備的東西：
大而深的盤子
碘酒
檸檬
紙
玻璃杯
畫筆

●實驗步驟：
■倒半杯水於盤子中。
■滴十滴碘酒於盤子內和水混合均勻。
■擠壓檸檬汁於杯內。
■將紙裁剪成剛好可放在盤子上的大小。
■將畫筆浸在檸檬汁中，然後在紙上寫出自己喜愛的圖畫或文字。
■寫完後，將紙烘乾。
■最後把烘乾的紙放置於溶有碘溶液的盤子裡。

●會有什麼結果？
紙張上除了寫字的部分呈現無色外，其餘部分皆為藍紫色。

●為什麼？
紙內含有的澱粉，會與碘反應形成碘澱粉分子，而呈現藍紫色；當維他命C與碘反應時，會產生無色的現象。這是因為檸檬中含有維他命C，因此以檸檬汁寫字的部分不會有顏色改變。

53 果汁裡有鐵質

●實驗目的：調查果汁裡含鐵質的多寡。

●要準備的東西：
紅茶茶包　三包
鳳梨果汁
蘋果果汁
葡萄果汁
橘子果汁
透明塑膠杯　四個

●實驗步驟：

■在茶包上澆灌熱水，沖製成濃紅茶，靜置一小時。

■以大茶匙舀四種果汁分別放在四個塑膠杯裡。(如圖示)

■四個塑膠杯裡分別加進紅茶，攪拌均勻。將四杯混合溶液靜置二十分鐘。

■輕輕拿起四杯杯子，觀察杯底，若有濃粉粒子沈澱的，請記錄下來。再靜置二小時，觀察杯底是否有黑色粒子沈澱。

●會有什麼結果？

二十分鐘後，杯底有黑色粒子沈澱的是鳳梨果汁。二小時後，橘子果汁和葡萄果汁也有黑色粒子沈澱在杯底，蘋果果汁則不會出現黑色粒子。

●為什麼？

杯內出現了固體粒子，由此可知紅茶的混合果汁，產生了化學變化。黑色粒子和果汁顏色不同，可作為發現新東西的證據。果汁中因含有鐵成分，會與紅茶的化學物質反應，形成黑色粒子。鳳梨果汁因為比其他果汁含有較多鐵的成分，因此，出現黑色粒子的速度較快。黑色粒子的數量多寡和其形成的速度快慢，與果汁裡含鐵成分的多寡有關。

54 奇異的牛奶

第四部　色彩和形狀很容易產生變化

●實驗目的：觀察牛奶加醋後產生變化的現象。

●要準備的東西：牛奶
醋
玻璃瓶
大號茶匙

●實驗步驟：

■在玻璃瓶內倒進新鮮的牛奶。

■加進二茶匙的醋，攪拌均勻。

■靜置二～三分鐘。

●會有什麼結果？

牛奶變為白色固體和透明液體兩部分。

●為什麼？

膠質是液體和小粒子的混合物。牛奶也是膠質的一種。當牛奶的固體粒子擴散在液體中時，醋會將不溶於水的小粒子凝聚，形成凝乳的固體狀，而牛奶液體的部分則稱為「乳漿」。

55 消失的石灰石

●實驗目的：如何製造石灰石的沈澱物，然後再以化學方法將沈澱物去除。

●要準備的東西：小玻璃瓶
醋
石灰水

●實驗步驟：
■在瓶裡裝滿石灰水。
■瓶子不加蓋，靜置七天。
■將瓶內的石灰水倒掉。
■觀察殘留在瓶內的東西。
■在瓶內再倒入半瓶的醋。
■觀察瓶內有何變化？

●會有什麼結果？

將石灰水倒掉後，瓶內會殘留一些白色似雪般的東西，而這些白色物質所含的成分與醋反應，會產生氣泡。最後，會完全溶解於醋中，再經五分鐘後，裝醋的玻璃瓶會變得澄澈乾淨。

●為什麼？

當空氣中的二氧化碳與石灰水混合時，會形成石灰石的白色沈澱物。石灰石的化學名稱是「碳酸鈣」，其與醋酸混合，會產生二氧化碳的氣泡，同時，碳酸鈣會溶解於醋酸中。

56 改變形狀

●實驗目的：將物體的形狀改變。

●要準備的東西：玻璃瓶（容量一公升）
汽球　一個
醋　三茶匙
重碳酸鈉　一茶匙
膠帶

●實驗步驟：

■在玻璃瓶內放進一茶匙的重碳酸鈉。
■在汽球裡倒進三茶匙的醋。
■把汽球口套置在瓶口，以膠帶固定。
■將偏歪的汽球抬正，於是汽球裡的醋會流進瓶內。

●會有什麼結果？

重碳酸鈉與醋混合產生氣泡，汽球會鼓起。

●為什麼？

醋酸與重碳酸鈉混合，會引起化學反應，而產生二氧化碳氣體，使得汽球鼓脹。實驗時的物質是固體與液體兩種物質的混合，但經化學反應後就形成氣體了。

第五部　同樣成分的物體也會改變原本的樣子

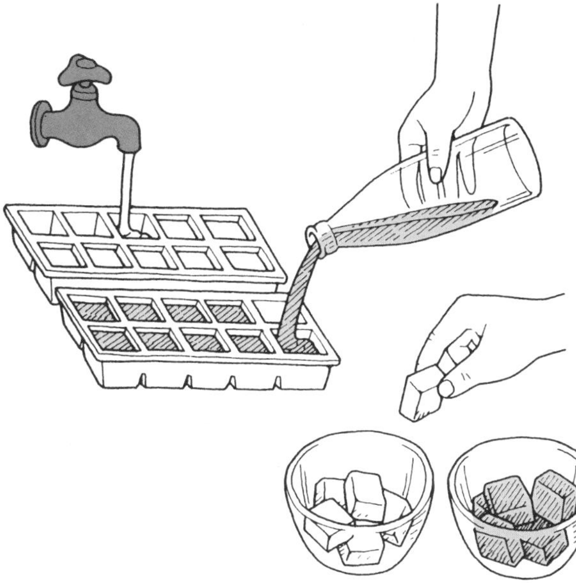

57 如何使冰水變得更冷

●實驗目的：使冰水變得更冰冷。

●要準備的東西：
空罐或杯子
溫度計
食鹽　一茶匙
碎冰

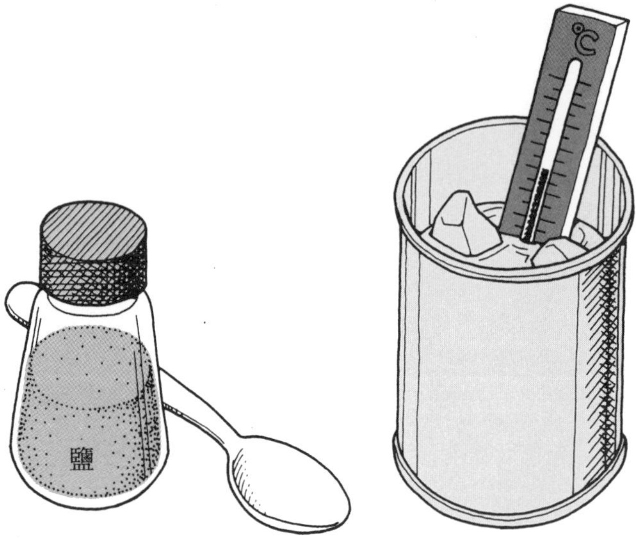

●實驗步驟：

■在空罐內裝滿碎冰。
■將水倒在碎冰上。
■溫度計插進罐內。
■三十秒後，量溫度。
■罐內再加鹽，然後以溫度計輕輕攪拌。
■再待三十秒後，測量這次的溫度與剛才的溫度有何不同。

●會有什麼結果？

加食鹽後的冰水，溫度會下降。

●為什麼？

鹽的結晶溶解於水中時，需要熱能，故吸收了水的熱能，於是冰水的溫度會下降。

58 水結冰會使體積變大

●實驗目的：證明水結冰後會膨脹。

●要準備的東西：吸管
廣口玻璃瓶
食用色素
簽字筆（油性）
黏土少許

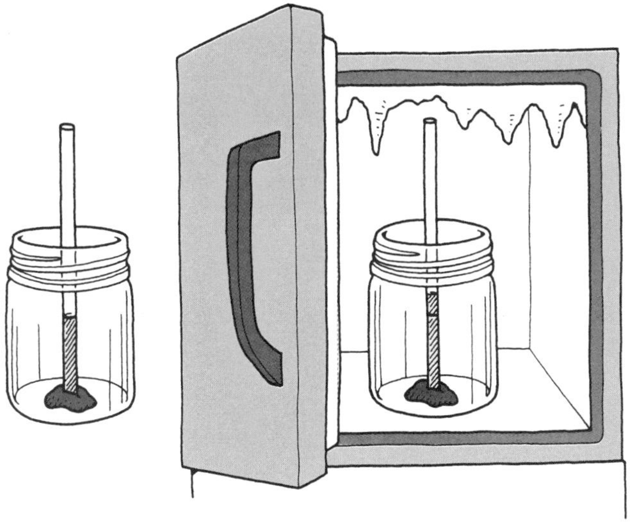

●實驗步驟：

■把黏土壓在玻璃瓶內的瓶底。
■在瓶內裝滿水。
■滴入四、五滴食用色素，攪拌均勻。
■在已染色的水裡輕輕放進吸管。
■把吸管的下端插入黏土中，使吸管能垂直站立。
■瓶內的水倒掉。
■並在吸管內水中的高度，做一標記。
■把瓶子放置冰箱（冷凍庫）五小時。

●會有什麼結果？

吸管內的水結冰後的高度比原先的高度高。

●為什麼？

水分子之間會互相吸引，吸引達到某種程度後會結合。水分子與水分子之間有空隙，液態的水所以量少，是因為水分子柔軟，能擠壓在一起。若溫度降低，水分子會彼此接合，形成六面體的結構，即為冰。冰的結構沒有通融性而無法擠壓，因此體積比同量液態水的體積大。

▽試試看：把那瓶吸管內剛結成冰的瓶子放在室溫下，讓它自然融化。

▽結果：融化後，吸管內水的高度又恢復為原來的高度。

59 甜而軟的果汁冰

第五部　同樣成分的物體也會改變原本的樣子

●實驗目的：觀察柳丁汁是否與水一樣會結冰。

●要準備的東西：柳丁汁
製冰盤　一個
冷凍庫

●實驗步驟：

■在製冰盤其中的一半裡倒進柳丁汁。
■另一半則倒進水。
■將製冰盤放進冷凍庫一晚。
■把冰塊取出。
■分別小心地試咬冰塊。

●會有什麼結果?

柳丁汁和水同時從液體變為固體，而柳丁汁結成的冰塊沒有水結成的冰塊那麼硬，較容易咬。

●為什麼?

兩種液體在結冰的過程中都會流失熱能。而柳丁汁結成的冰塊沒有水結成的冰塊硬，是因為柳丁汁中的物質並非完全凍結。大多數的液體要在比水溫0(℃)低的情況下才會完全結冰。而果汁的冰塊是由可凍結的水及不可凍結的物質混合而成，所以果汁結成的冰較容易品嚐。

60 無法結冰的水

●實驗目的：證實鹽不易使水凍結成冰塊。

●要準備的東西：
紙杯　二個
食鹽　一茶匙
油性簽字筆

●實驗步驟：
■在二個紙杯裡各倒進半杯的水。
■在其中一個紙杯裡，放進一茶匙的食鹽，並且註明此杯為鹽水。
■二個紙杯同時放進冷凍庫裡。
■三十分鐘後，觀察二個紙杯內的情況。
■靜置二十四小時。

●會有什麼結果？
鹽水不會結冰。

●為什麼？
當食鹽溶解於水中時，需要熱能，故奪取周圍水的熱能，致使水溫降低。普通的純水在溫度0(℃)時，水分子會製造冰的結晶，但在水中加入食鹽的情況下，會受食鹽吸取熱能的干擾，所以除非在溫度0(℃)以下，鹽水才有可能結成冰塊。

61 從液體奪取熱能

●實驗目的：試著把溫度計的溫度降低。

●要準備的東西：溫度計
脫脂棉花
消毒酒精

●實驗步驟(一)：

■將溫度計置於室溫下三分鐘，記錄其溫度變數。

■在溫度計的球部吹氣十五次。

●會有什麼結果？(一)

溫度計的溫度會上升。

●實驗步驟(二)：

■以棉花沾濕酒精，將濕棉花包住溫度計的球部。

■在包著濕棉花的地方吹氣十五次。

●會有什麼結果？(二)

溫度計的溫度會下降。

●為什麼？

(一)呼氣的溫度約為三十七(℃)，比室溫高，所以吹出的溫暖氣體會使溫度計裡的液體膨脹。也就是溫度計裏的液體分子，分子與分子之間的距離較呼氣前分散，所以較佔空間，因此導致溫度計上升。

(二)酒精有冷卻的作用，這種作用是由於在溫度計內球部的酒精因蒸發而引起的。所謂「蒸發」，是液體吸收熱能後由液體變為氣體的現象。酒精在蒸發時，會從溫度計內球部的液體奪取熱能，所以溫度計內球部的液體分子遇冷收縮，因而較不佔空間，於是溫度就下降。

62 閃閃發亮的文字

●實驗目的：利用食鹽水製造白色會發亮的結晶。

●要準備的東西：
食鹽
黑色圖畫紙　一張
畫筆　茶匙
烤麵包機
玻璃杯

●實驗步驟：

■在玻璃杯內倒進四分之一杯的水，然後加入三茶匙的食鹽，予以攪拌均勻。

■請大人把烤麵包機插電加熱。

■用畫筆在黑色圖畫紙上寫字。這時候，每寫一字前，畫筆必先沾濕鹽水。

■拔掉烤麵包機的插頭，將紙烘乾。

●會有什麼結果？

在黑色圖畫紙上寫字的部分出現了白色閃亮的結晶。

●為什麼？

水烘乾蒸發後、紙上會殘留乾掉的食鹽結晶。所謂「蒸發」，是液體吸收熱能後由液體變為氣體的現象。（參考實驗61）即是液體分子以不同的速度向四面八方不停的運動，當（液體）分子到達液體表面時，會形成氣體分子而飛離液體表面。利用烤麵包機來烘乾圖畫紙的目的是想加速蒸發的速度。

第五部　同樣成分的物體也會改變原本的樣子

63 製造白茸茸的結晶體

●實驗目的：觀察木炭上出現白色膨鬆狀的結晶體。

●要準備的東西：

木炭　四、五塊（烤肉時使用的燃料）
氨水　一茶匙
水　二茶匙
食鹽　一茶匙
玻璃碗　二個
漂白劑　二茶匙

●實驗步驟：

■在玻璃碗裡放進木炭。
■另一個玻璃碗裡倒進氨水、食鹽、水及漂白劑，加以攪拌均勻。
■將混合的溶液倒在木炭上。
■靜置七十二小時。

●會有什麼結果？

木炭上會出現白茸茸的結晶，還有一些出現在碗的側面。

●為什麼？

當數種化學物質溶解於水中時，待水蒸發後，會在表面上形成結晶體。這些結晶體像海棉一樣具有多孔性，因此混合溶液易於再滲透進去，當水再蒸發後，會在表面形成另一層的結晶體，如此不斷重複，就產生一層又一層堆積著的白茸茸結晶體。

64 用霜來化粧

●實驗目的：觀察鹽對水溫有何影響？

●要準備的東西：碎冰
水
食鹽　三大茶匙
金屬罐（裝二杯水）

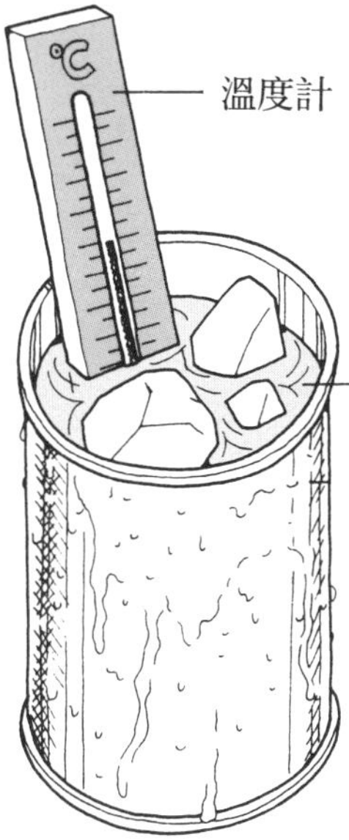

●實驗步驟：

■鋼杯罐裡放進碎冰。
■倒入一杯水。
■靜置二～三分鐘。
■等到杯外有水滴出現時加入食鹽三茶匙，攪拌均勻。
■擱置著，待杯外壁出現霜的薄膜。

●會有什麼結果？

最初，杯外側會出現水滴，一經加鹽後，水滴會凍僵。

●為什麼？

水分子有時以氣體形態存於空氣中。當這氣體碰到冷鋼杯時，就會變成水。此外，鹽會降低冰水的溫度，同時也會使杯壁的溫度下降，於是在鋼杯罐的外壁就形成霜的薄膜。

65 長針般結晶的形成

第五部　同樣成分的物體也會改變原本的樣子

●實驗目的：觀察瀉鹽溶液隨著水的蒸發，會形成細長如針的結晶。

●要準備的東西：
盤子
黑色圖畫紙
有蓋的小廣口玻璃瓶
瀉鹽
大號茶匙
剪刀

●實驗步驟：
■在玻璃瓶內倒進二分之一瓶的水，加二茶匙的瀉鹽，蓋上瓶蓋。
■劇烈搖動玻璃瓶六十次，而後將玻璃瓶靜置一旁。
■將黑色圖畫紙裁剪成能放進盤子內的大小。
■把瀉鹽溶液倒在紙上，形成一層薄膜。
★注意：不要倒進未溶解的瀉鹽結晶。
將盤子靜置在室溫下數天。

●會有什麼結果？
紙上出現了細長如針般的結晶。

●為什麼？
鹽原本的結晶是細長的，市面上所發售的鹽是把原本的細長結晶弄碎，所以，看不到鹽本來面目。瀉鹽溶液隨著水的蒸發，開始出現小而看不見的結晶，最後在水蒸發完畢後，呈現出細長如針的結晶。

66 製造蕾絲般的結晶體

●實驗目的：製造蕾絲般的結晶體。

●要準備的東西：
食鹽　三茶匙
廣口玻璃瓶
剪刀
黑色圖畫紙

●實驗步驟：

■在玻璃瓶內倒進半瓶水。
■加入食鹽於瓶內，攪拌均勻。
■將紙裁成寬度二公分、長度約為玻璃瓶一半長的紙片。
■將紙片放入瓶裡。
■玻璃瓶放置於明亮的地方，靜置三～四週，記得時常觀察玻璃瓶的變化。

●會有什麼結果？

經過數日，紙上出現了類似蕾絲般的結晶體，放置的時間愈久，似蕾絲的結晶體會愈發擴大。

●為什麼？

鹽水會慢慢浸濕紙片，待水漸漸蒸發時，在玻璃瓶的內側會殘留些許鹽粒子，等到水蒸發完畢，紙片上就出現了大量蕾絲般的結晶體。

67 會發亮的立方體結晶

第五部　同樣成分的物體也會改變原本的樣子

●實驗目的：製造鹽的立方體結晶。

●要準備的東西：
- 盤子
- 黑色圖畫紙　一張
- 剪刀
- 食鹽
- 大號茶匙
- 有蓋子的廣口玻璃瓶

●實驗步驟：

■在瓶內倒進半瓶水，再加入二茶匙的食鹽，蓋上瓶蓋。

■劇烈搖動玻璃瓶三十次，然後將玻璃瓶靜置桌上。

■把黑色圖畫紙裁成圓形，可放入盤子裡的大小。

■在紙上倒入鹽水。尚未溶解的鹽粒子，不可倒進去。

■將盤子靜置室溫下數天。

■每天加以觀察其變化的情形。

●會有什麼結果？

紙上出現小而無色的結晶體，而且一天比一天擴張。

●為什麼？

水蒸發後，乾燥的鹽會殘留在紙上。起先會看見小而無色的結晶體，到後來，便可以很明顯地看到擴大的立方體結晶。

68 液體變為固體

●實驗目的：觀察燒石膏在加水後會凝固的現象。

●要準備的東西：燒石膏（三分之一杯）
大號茶匙
紙杯
塑膠茶匙

●實驗步驟：

■將三分之一杯量的燒石膏放入紙杯裡。

■倒進三茶匙的水到紙杯內，以塑膠茶匙攪拌均勻。

★注意：燒石膏不能丟棄在水槽內會堵塞排水管。

■每二十分鐘觀察其變化的情形。

●會有什麼結果？

燒石膏剛開始像泥巴狀，隨時間的增長呈現以下的情形：

(a)二十分鐘後：水會浮在燒石膏上。
(b)四十分鐘後：燒石膏會變成泥巴狀。
(c)六十分鐘後：泥巴狀的燒石膏會變得黏稠在紙杯裡。
(d)八十分鐘後：燒石膏變硬。
(e)一百二十分鐘後：燒石膏凝固，但仍有小部分是濕黏的。
(f)一百四十分鐘後：完全變成硬塊。

在燒石膏變化期間，紙杯是熱的。

●為什麼？

燒石膏原是透明無色、似玻璃狀的結晶。但為了方便使用者，出售者將其弄碎、加熱以去除水分。所以，燒石膏再度加水便會凝固，並且在其變化期間會釋放出熱能，所以裝置燒石膏的紙杯摸起來有熱熱的感覺。

第六部　經混合溶解後會產生不可思議的現象

69 拖著有顏色的尾巴

●實驗目的：觀察溶質溶解在溶媒（溶劑）中的現象。

●要準備的東西：
玻璃杯
果汁粉末
衛生筷子

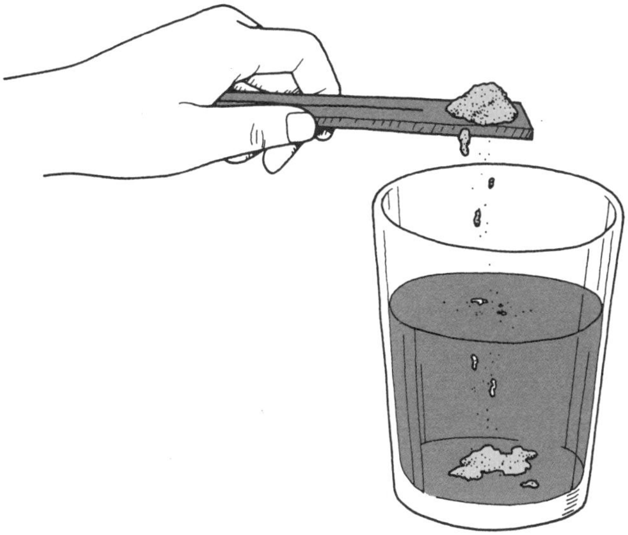

●實驗步驟：
■在玻璃杯內倒進半杯的水。
■選用顏色較鮮濃的果汁粉末。（如：草莓、葡萄。）
■衛生筷子不要拆開，直接使用。在筷子上放一些果汁粉末。
■輕搖筷子，使果汁粉末掉入裝著水的玻璃杯內，並從杯子外側觀察有何變化。
■玻璃杯裡必須不斷加進果汁粉末，直到有明顯的顏色出現才停止。

●會有什麼結果？
在加進果汁粉末時，粉末像拖著尾巴般地往下沈澱。

●為什麼？
果汁粉末會溶解於水中。所謂「溶解」就是：物體變小，逐漸形成不明顯的小粒子，最後在溶媒（溶劑）中平均分散開來。在這項實驗中，溶質指的是果汁粉末，而溶媒（溶劑）是水。溶質與溶媒（溶劑）組合而形成溶液。

70 糖果的融化速度

第六部　經混合溶解後會產生不可思議的現象

●實驗目的：觀察糖果溶解的速度。

●要準備的東西：糖果三顆

●實驗步驟：

■將第一顆糖果含在嘴裡，不要咬，也不要用舌頭撥弄。

■把第二顆糖果放進嘴巴裡，可用舌頭撥弄，但不可咬碎。記錄糖果完全融化所花費的時間。

■把第三顆糖果放進嘴巴裡，然後邊舔邊咬。記錄完全融化所花費的時間。

●會有什麼結果？

第三次邊舔邊咬的糖果，其完全融化所花費的時間比前面其他兩次還短。

●為什麼？

糖果含在嘴裡會被唾液逐漸溶解。溶液包括了溶質與溶媒（溶劑）二部分。在這項實驗中，溶媒（溶劑）是唾液，溶質是糖果。糖果的融化快慢除了唾液的作用外，加上邊咬邊舔的配合，會縮短其融化的時間。

71 速成濃湯的作法

● 實驗目的：製做即溶濃湯。

● 要準備的東西：
固形湯　二個
咖啡杯　二個
熱水和冷水

● 實驗步驟：

■ 在第一個咖啡杯裡倒進冷水，放進一個固形湯，靜置一旁。

■ 在第二個咖啡杯裡倒進熱水，同樣地放進一個固形湯，然後加以攪拌。

● 會有什麼結果？

將固形湯放進熱水裡再攪拌，比放進冷水中較容易溶解於水中。

● 為什麼？

當溶解作用時，溶質進入溶媒（溶劑）後會擴散。在這項實驗中，固形湯為溶質，水為溶媒（溶劑），而熱會加速水分子的移動。當水分子接觸到固形湯時，會使固形湯變為細小，再加以攪拌後，固形湯會變得更微小。若固形湯放進冷水裡，最後雖然仍會溶解於水中，却比較花費時間。

72 黑墨中出現彩虹

第六部 經混合溶解後會產生不可思議的現象

●實驗目的：檢驗黑墨水中並非只是單色。

●要準備的東西：綠色和黑色的簽字筆（水性）
迴紋針
咖啡過濾紙
扁而淺的盤子

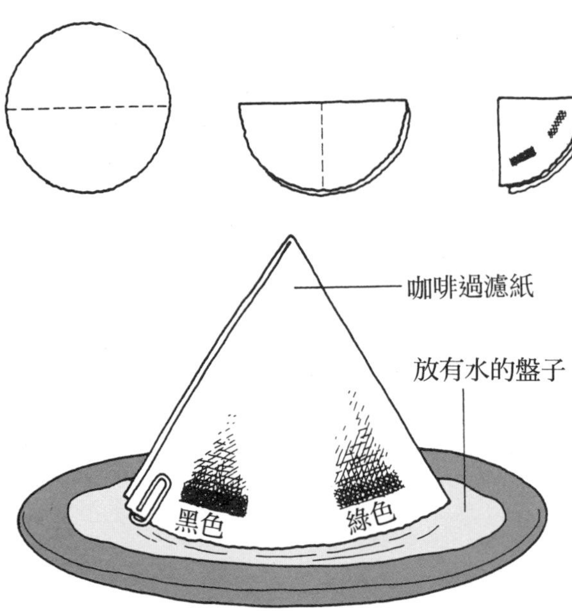

●實驗步驟：

■把咖啡過濾紙摺成一半，再摺一半。(如圖示)

■在過濾紙距邊緣一公分處，以綠色的簽字筆做記號。

■注意不要沾到綠印。在綠色記號的旁邊，也同樣地以黑色簽字筆做記號。並讓這兩個記號在紙上的同一面。

■參照圖示，用迴紋針固定咖啡過濾紙的邊緣。使它形成圓錐形。

■將圓錐形咖啡過濾紙豎立於盤子上，使其圓的邊緣能浸入水中靜置一小時。

●會有什麼結果？

顏色約經一小時會散開，黑色記號變成藍、黃、紫色，綠色記號變成藍中帶黃的顏色。

●為什麼？

黑色的墨汁是由其他許多顏色組合而成的。當水從紙緣往上爬升，墨汁中的黑色會溶解於水中，隨著水往上爬升，而黑色包含各種顏色，所以會依各個顏色的重量不同而使其上升的高度也會有所不同。重量輕的顏色與水混合，會移動到最上層；而重量重的顏色則在下層。

73 製造迷你雪景

●實驗目的：製造迷你的雪景。

●要準備的東西：有蓋子的廣口玻璃瓶
大號茶匙
硼酸（磷片狀的結晶，西藥房可買到）。

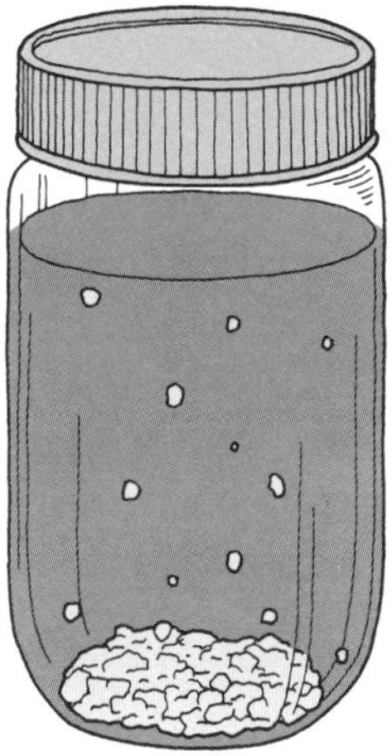

●實驗步驟：

■在玻璃瓶內加入五茶匙的硼酸。
■瓶裡裝滿水，緊緊地蓋上瓶蓋。
■劇烈搖動玻璃瓶，使水與硼酸能混合均勻，然後將玻璃瓶靜置桌上。

●會有什麼結果？

少部分的硼酸溶解於水中，而大部分的硼酸像下雪般地沈澱在瓶底。

●為什麼？

硼酸不易溶解於水中，於是形成飽和溶液（即再也無法溶解的溶液）。搖動玻璃瓶，無法溶解的硼酸結晶會全部浮於水上，等到靜置於桌上時，由於重力的作用硼酸結晶會往下沈。

74 漂浮在水中的寶石

第六部　經混合溶解後會產生不可思議的現象

●實驗目的：觀察著色的水滴漂浮在水和油層之間。

●要準備的東西：
沙拉油　四分之一
水　四分之一
廣口玻璃瓶
食用色素
墨水滴管
鉛筆

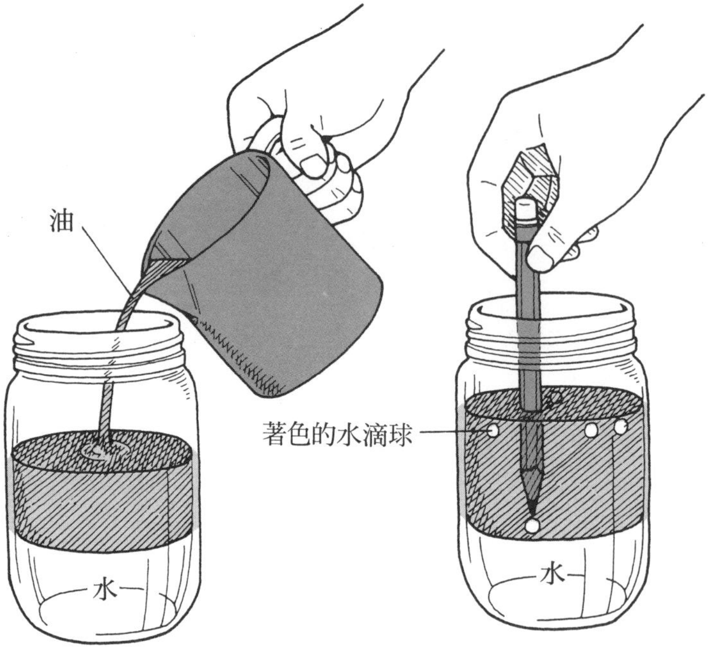

●實驗步驟：
■在玻璃瓶內倒進四分之一的水，再倒入四分之一杯的沙拉油。
■以墨水滴管吸取色素，滴數滴於玻璃瓶內。
■將玻璃瓶拿至眼睛的高度，觀察油層下面。
■用鉛筆試著把著色水滴壓進水層中。

●會有什麼結果？
水和油無法混合，所以會區隔成二層的情形。油層浮在水層上。著色水滴有些漂浮在油的表面；有些則下沈於水層上。當著色水滴一觸及水層時，著色水滴會被破壞而溶解於水中。

●為什麼？
油不溶於水，水也不溶於油，因此水和油會區隔成二層的情況。色素不溶於油，所以會形成小水滴在油裡漂浮著；此時，著色水滴被油包圍著無法到達水層。以鉛筆試著把著色水滴壓進水層中，著色水滴會立刻溶解於水裡。

75 喜歡那種濃度的紅茶

●實驗目的：比較二杯紅茶的濃度。

●要準備的東西：即溶茶粒（或者即溶咖啡）
茶匙
咖啡杯（杯的顏色必須為白色）二個

●實驗步驟：

■在咖啡杯裡倒進水，再加入四分之一茶匙的茶粒，攪拌均勻。

■在另一個咖啡杯裡同樣倒入水，但加進滿一茶匙的茶粒，攪拌均勻。

■比較二個咖啡杯內的顏色濃淡。

●會有什麼結果？

第一個咖啡杯內的茶色較第二個咖啡杯內的茶色淡。

●為什麼？

放入少許即溶茶粒，其味道較清淡的稱為「稀薄溶液」，而顏色及味道較濃的，稱為「濃厚溶液」。溶液是由溶質和溶媒（溶劑）構成的。溶質即指溶解在液體中的物質。在這項實驗中，茶粒是溶質，水是溶媒（溶劑）。

76 固體和液體兩相離

第六部　經混合溶解後會產生不可思議的現象

●實驗目的：利用離心力把液體和固體分開。

●要準備的東西：
鐵鎚
釘子
透明玻璃杯
細小繩子
金屬罐子（或啤酒罐）
麵粉　二茶匙

●實驗步驟：

■在罐子上方的外側，利用鐵鎚和釘子開二個相對的洞。

■將長六十公分的小繩子其二端各綁在兩個洞口上。

■在罐子裡放進半罐的水及二茶匙的麵粉，加以攪拌均勻。

■握著繩子中央部位揮動罐子使罐子繞著身體旋轉十五次。（請在空曠處及四周無人時才揮動罐子）

■將罐內的溶液倒進玻璃杯內觀察，若溶液仍然混濁請再旋轉罐子。

■一直到溶液混濁的現象消失時，才停止旋轉。

●會有什麼結果？

溶液的上半部分變為澄澈透明。

●為什麼？

麵粉與水的混合，亦即固體和液體的混合。當混合的固體無法溶解時，便會沈澱在底部。若經旋轉，固體沈澱的速度會加快，同時，當正在旋轉時，向外側會產生強烈的離心力，所以，會使麵粉全部往罐底沈澱。

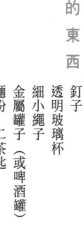

77 非溶解物的沈澱現象

●實驗目的：觀察無法溶解的物質沈澱在瓶底的現象。

●要準備的東西：
麵粉　二茶匙
廣口玻璃瓶
豆子　二茶匙（米或者其他豆類也可以）

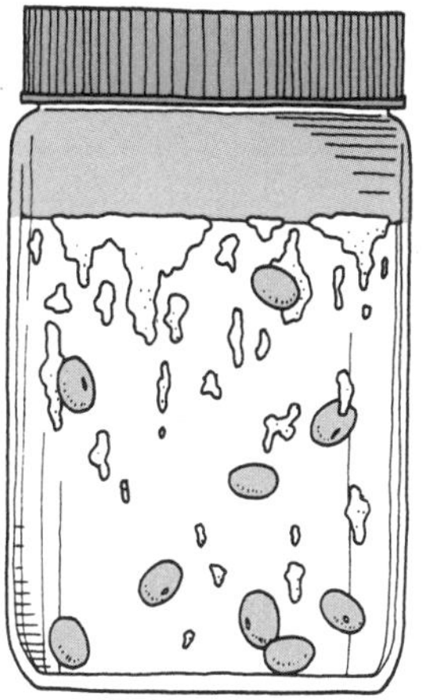

●實驗步驟：
■將豆子和麵粉同時放進玻璃瓶。
■倒水於瓶內，蓋上瓶蓋。
■用力搖動玻璃瓶，使瓶內的東西充分混合。
■玻璃瓶靜置二十分鐘。
■觀察瓶內的變化情形。

●會有什麼結果？
首先豆子下沈，而麵粉會在豆子上方形成一層。

●為什麼？
豆子與麵粉無法溶解於水中，於是受到重力的作用而往下沈。豆子多而重，故先下沈；而麵粉的小粒子，會耗費較長的時間在水中漂浮，然後才慢慢下沈。將無法溶解的物質一起混合在水中稱之為「懸濁液」。舉例來說：水流很急，水便會夾雜許多泥土、沙石。混濁的洪流，流速緩慢時，水流中的沙石和泥土便會分別地沈澱在河底。

78 能穿瓶的光線

● 實驗目的：觀察固體微粒懸浮水中的現象。

● 要準備的東西：

剪刀

釘子

玻璃杯　二個

手電筒

厚紙箱（可放進玻璃）

麵粉　一茶匙

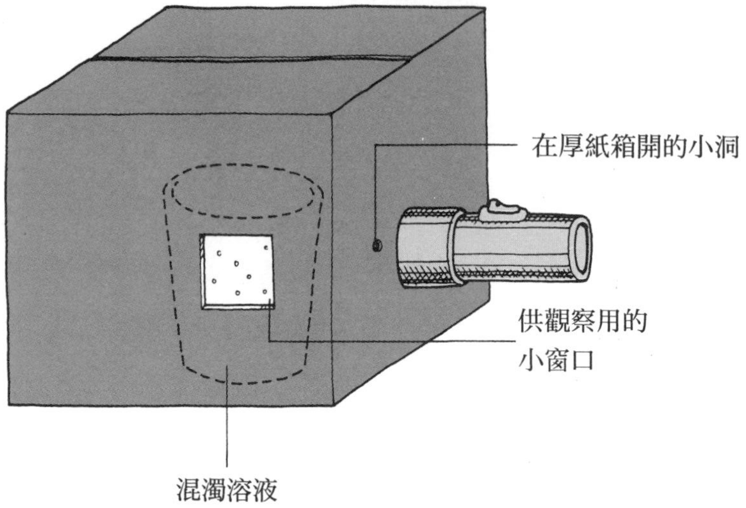

● 實驗步驟：

■將紙盒倒立，使開口壓在底部。

■利用釘子在厚紙箱外側的其中一面開個小圓洞，洞位為玻璃杯一半高的高度。

■在小洞相鄰的一面距離紙箱頂角三公分處，拿剪刀裁出四邊各二公分的小窗口，以供觀察用。窗口的高度及位置須與小圓洞口一致。

■二個玻璃杯內倒進四分之三杯的水。

■在其中一個玻璃杯裡放進一茶匙的麵粉，加以攪拌均勻。

■將裝有水和麵粉混合液的玻璃杯放進厚紙箱裡，所放的位置為從小窗口可以看見的地方。

■手電筒的電源打開，靠近小洞口。從窗口觀察光源透過液體時，所發生的效應。

■把只裝水的玻璃以同樣步驟放進厚紙箱，觀察光線僅透過水的現象。

● 會有什麼結果？

裝有麵粉和水的混合液，經過光線的照射，可清楚看到其中的麵粉微粒浮游在水上；而只裝水的玻璃杯，則看不出有何異樣。

● 為什麼？

水和麵粉混合，形成懸濁液。到最後，浮游的微粒會因重力作用而下沈。當手電筒照射時，懸濁的微粒會妨礙光直進的通道，造成光的反射。懸濁粒子所造成光反射的現象，是由英國人約翰・勤達爾所發現的，因此被命名為「勤達爾現象」。

79 水和油不相容

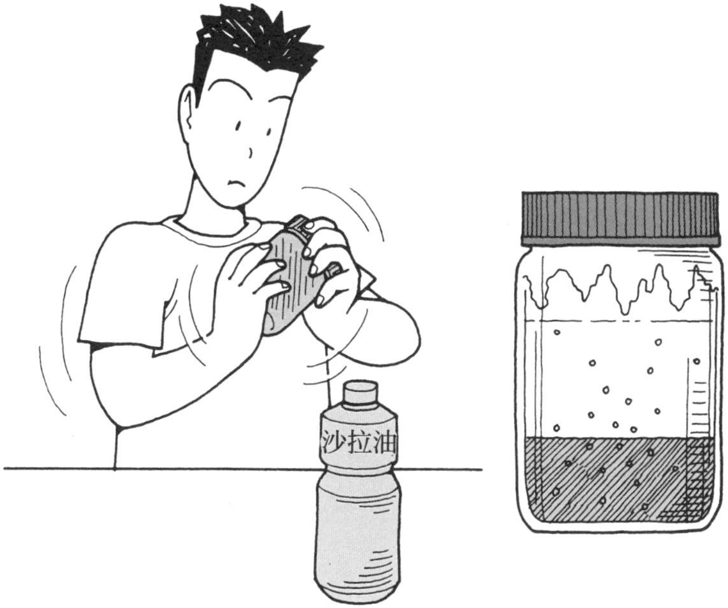

●實驗目的： 觀察油和水無法混合而形成上、下二層的現象。

●要準備的東西：

沙拉油　四分之一杯
水　半杯
食用色素
有蓋子的廣口玻璃瓶

●實驗步驟：

■將半杯水倒進玻璃瓶。
■滴數滴食用色素於瓶內。
■再加進四分之一杯的沙拉油於玻璃瓶中，蓋上瓶蓋。
■用力搖動玻璃瓶十次，使瓶內的東西能充分混合。
■玻璃瓶輕放在桌上，觀察瓶內有何變化。

●會有什麼結果？

起初水和油看起來似乎混合在一起，但很快地這兩種物質分離為上、下層。

●為什麼？

油和水無法溶合在一起，這種無法混合的溶液稱為「乳濁液」。當用力搖動玻璃瓶時，促使油和水互相混合，但很快地水和油馬上又分離。水比油重，因此水在下層，有時油滴也會混入其中。至於中間的一層，水和油均勻的混合，其性質比油重但比水輕。最上層是含有少許水滴的油層，幾小時後，水滴和油便會完全分離。而食用色素是水溶性的，所以只有在水層裡才會溶解。

80 失去色彩的染色液

第六部　經混合溶解後會產生不可思議的現象

●實驗目的：在染色的溶液中不斷加水使其色彩消失。

●要準備的東西：食用色素
玻璃瓶（容量一公升）
計量杯

●實驗步驟：

■在玻璃瓶內倒進半杯的水，滴數滴食用色素於瓶中與水混合。

■不斷加水於玻璃瓶中，直到水中的色素消失為止。

●會有什麼結果？

不斷地加水，最後玻璃瓶中的水會變成無色。

●為什麼？

玻璃瓶內的水會有顏色是由於色素與水混合的緣故。在不斷加水的過程中，著色分子會在水中愈形擴大，最後水分子會分散開來導致體積變小而看不見其顏色。

81 自己製造香水

●實驗目的：利用香料製造香水。

●要準備的東西：有蓋子的小玻璃瓶
消毒酒精
丁香的果實　十五粒

●實驗步驟：

■將丁香的果實放進瓶內。
■倒進半瓶酒精於玻璃瓶內。
■蓋緊瓶蓋，靜置七天。
■打開蓋子，沾抹些許瓶中的溶液在手掌上。
■待酒精蒸發後，聞其味道。

●會有什麼結果？

手掌上會留下少許的香味。

●為什麼？

將丁香的果實浸泡在酒精內數日，丁香的果實內其香料油溶解於酒精中。當此溶液塗抹在手上時，酒精會蒸發而丁香的香味則留置於皮膚上。同理，製造香水，可利用不同花的香料浸泡於酒精中來製造不同的香水。

第七部　因熱的作用而產生奇妙的現象

82 形成紅煙

●實驗目的：觀察被染色的冷水在熱水中沈降的情形。

●要準備的東西：
廣口的大玻璃瓶
紅色色素
鋁箔紙
小玻璃杯（可放入玻璃瓶裡）
橡皮筋
鉛筆
冰塊

●實驗步驟：

■把冰塊放進小玻璃杯中，然後杯內裝滿水。
■在廣口大玻璃瓶內倒進熱水，倒至離瓶口三公分處的高度。
■取出小玻璃杯內的冰塊，滴數滴紅色色素於杯內的水中，與水混合。
■用鋁箔紙包住小玻璃杯的杯口，以橡皮筋紮緊。再用鉛筆在鋁箔紙上開個小洞。
■將玻璃杯倒立，使鋁箔紙上的小洞口對著放在熱水的廣口玻璃瓶瓶口。
■用指頭敲打小玻璃杯的杯底。

●會有什麼結果？

杯內的染色水經敲打後，會流入玻璃瓶內而在熱水中形成煙圈般慢慢地擴大起來。

●為什麼？

冷水比熱水重是因為冷水的分子非常密集。水的分子遇低溫時，會聚集，遇高溫時，會擴散。因此冷水會朝較輕的熱水下方擴散。

83 水中的噴水池

第七部　因熱的作用而產生奇妙的現象

●實驗目的：觀察染色的熱水在冷水中噴水的情形。

●要準備的東西：
廣口的大玻璃瓶　二個
紅色色素
鋁箔紙
小玻璃杯（可放入大玻璃瓶裡）
橡皮筋
鉛筆
冰塊（四、五塊）

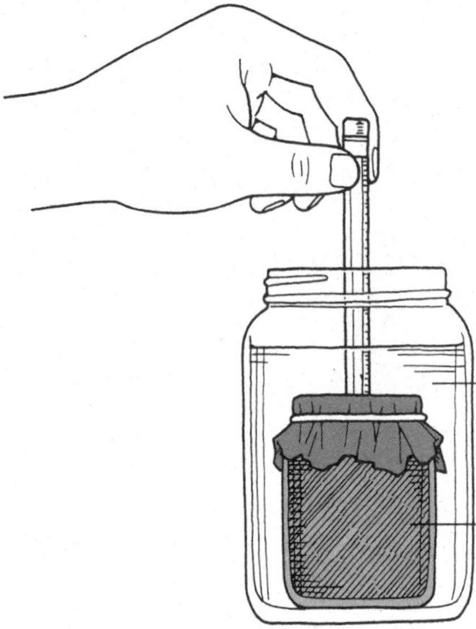

●實驗步驟：
■把冰塊放進大玻璃瓶，然後瓶內裝滿水。
■小玻璃杯裝滿熱水，再滴入數滴紅色色素，加以攪拌均勻。
■用鋁箔紙包住小玻璃杯的杯口，再用橡皮筋紮緊。
■取出大玻璃瓶內的冰塊，然後把小玻璃杯放進大玻璃瓶裡。
■用鉛筆在鋁箔紙上開個小洞。
■利用鉛筆輕輕敲打鋁箔紙面。

●會有什麼結果？
每敲打一次，染色的熱水會像冒煙般地噴出。

●為什麼？
水的分子在低溫時會聚集，而在高溫時會擴散。因溫度高的染色熱水比透明的冷水輕，所以，染色的熱水會往上升到較重的冷水上。

●再試下面的步驟：
在鋁箔紙上再穿第二個孔。會有什麼結果？著色的熱水，會不停的流出玻璃杯。

●為什麼？
較重的冷水會從其中一個孔流入，壓擠杯中較輕的熱水，由另一個孔噴出來。

84 硬幣產生的聲響

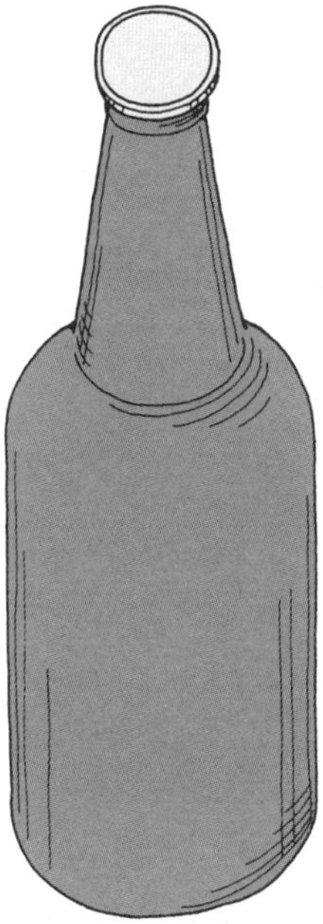

●實驗目的：觀察氣體膨脹的現象。

●要準備的東西：啤酒瓶
十元硬幣
水　一杯

●實驗步驟：

■將不加蓋的空瓶放進冰箱的冷凍庫三十分鐘。

■三十分鐘後，從冷凍庫裏拿出空瓶，立刻以十元硬幣蓋住瓶口。(十元硬幣須先沾濕水份)

●會有什麼結果？

不久，十元硬幣會上下鼓動，並且發出鼓動的聲響。

●為什麼？

空氣遇冷會收縮，從冷凍庫裡拿出的瓶子，瓶內容有較多的空氣氣流，當溫度升高時，瓶中的空氣膨脹，導致空氣壓力升高而往上沖抬起十元硬幣。而當瓶內多餘的氣體流失後，硬幣便會掉落下來。

★注意：硬幣若沒有蓋好，就不會產生任何鼓動聲。

85 熱騰騰的鋼絲

●實驗目的：觀察在化學反應時會產生熱的現象。

●要準備的東西：不沾洗潔劑的鋼絲團
醋　四分之一杯
溫度計
有蓋子的廣口瓶（溫度計能放進去）

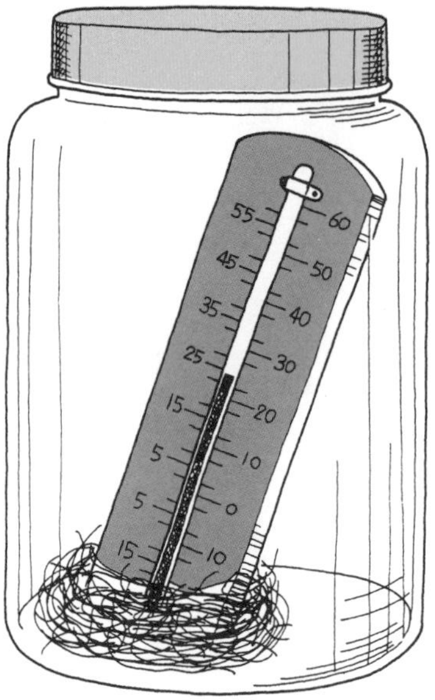

●實驗步驟：
■溫度計放進瓶內，蓋上蓋子。
■鋼絲浸泡在醋裡一～二分鐘。
■甩掉鋼絲所沾的醋，然後將鋼絲圈在溫度計的球部。
■將圈上鋼絲的溫度計放進瓶內，蓋上瓶蓋。每五分鐘後記錄其溫度。

●會有什麼結果？
溫度計的溫度會上升。

●為什麼？
醋會去除鋼絲表面上的薄膜，導致鋼絲生銹。在生銹的過程中，鐵與氧結合會釋放出熱能，由於所釋放出的熱能，使包有鋼絲的溫度計其溫度會上升。

86 化學作用的熱效應

●實驗目的：觀察化學反應所引起溫度變化的現象。

●要準備的東西：溫度計
廣口玻璃瓶（可放進溫度計）
粉末狀漂白劑
茶匙

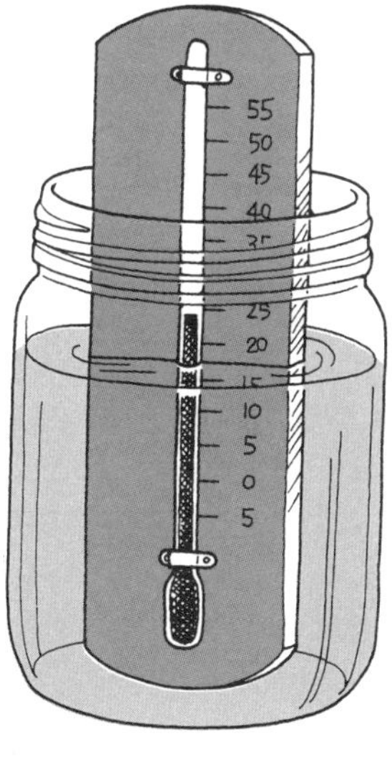

●實驗步驟：

■在玻璃瓶內倒進水，再加入一茶匙的粉末漂白劑，攪拌均勻。

■在溶液中放進溫度計。

■靜置在一旁，每一分鐘觀察一次溫度計。連續觀察十次。

●會有什麼結果？

溫度計的溫度上升後又下降。

●為什麼？

粉末漂白劑加水後引起化學反應，會析出氧，同時會產生熱能，使溫度計的溫度上升。當反應結束後，熱能散發到屋內的空氣中，所以溫度也隨之下降到與室溫同溫。

87 夏天穿白色衣服的原因

第七部　因熱的作用而產生奇妙的現象

● 實驗目的：觀察光的吸收與顏色相關的現象。

● 要準備的東西：
- 一百瓦特的電燈
- 黑色圖畫紙
- 鋁箔紙
- 釘書機
- 溫度計　二支

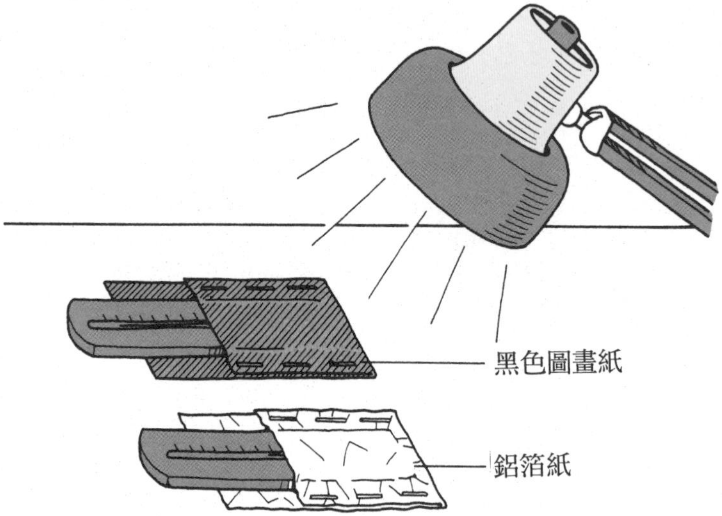

● 實驗步驟：

■ 將黑色圖畫紙摺成像信封的樣子，放入一支溫度計。（參見圖示，摺成後用釘書機將其兩邊固定。）

■ 鋁箔紙也是如同上述的步驟摺好後，放入一支溫度計。

■ 記錄兩支溫度計的溫度。

■ 大約三十分鐘後，以枱燈照射兩支溫度計。

■ 十分鐘後，觀察溫度計的溫度變化。

● 會有什麼結果？

放在黑色圖畫紙內的溫度計其溫度較高。

● 為什麼？

黑色物體會吸收所有的光波，而不會反射光。使得黑紙內溫度計的溫度上升；相反地，因很多的光波不被鋁箔紙吸收，因此鋁箔紙內的溫度較低。所以，夏天大多數的人都穿白衣服，是因為白色不吸收光熱，會使人感覺較涼爽。

第八部 廚房的酸鹼實驗

88 紫色高麗菜液的試劑

第八部　廚房的酸鹼實驗

●實驗目的：製造可檢驗酸鹼性的溶液試劑。

●要準備的東西：有蓋子的玻璃瓶　一個
筷子
蒸餾水　一公升
生的紫色高麗菜

●實驗步驟：

■把高麗菜的葉子撕成細細的放進玻璃瓶內。

■待蒸餾水沸騰後，倒進放有高麗菜葉子的玻璃瓶內。（蒸餾水加熱的工作，請大人幫忙。）

■靜置，直到玻璃瓶的溫度降至室溫，然後用筷子把高麗菜的葉子移至另一個玻璃瓶內。

■最後把菜葉丟棄，剩下的高麗菜溶液保存在冰箱裡。

●會有什麼結果？

溶液逐漸變為深藍色。

●為什麼？

熱水使菜葉的著色物質溶解出來。若加酸，此溶液會變紅；加鹼則溶液會變綠。因此，用高麗菜溶液可以檢驗酸鹼性。

89 製作高麗菜液的試驗紙

●實驗目的：製造能檢驗酸鹼性的試驗紙。

●要準備的東西：
咖啡過濾紙
高麗菜溶液（見實驗88。）
鋁箔紙
大碗
剪刀
塑膠袋

●實驗步驟：
■在碗內倒進一杯高麗菜溶液。
■將過濾紙浸泡在溶液中。
■再把數張浸泡過的過濾紙，排放在鋁箔紙上，待其乾燥為止。
■將過濾紙裁成寬一公分大小的紙片，放進塑膠袋內保存。
■可用製成的高麗菜液試驗紙來檢驗其他東西的酸鹼性。

●會有什麼結果？
形成淡藍色的試驗紙。

●為什麼？
高麗菜溶液原是深藍紫色，待水分蒸發後，過濾紙會變成淡藍色。不管是遇酸或遇鹼，過濾紙的顏色都會改變。

90 變綠或變紅

●實驗目的：以高麗菜液試驗紙檢驗酸鹼性。

●要準備的東西：
高麗菜液試驗紙（見實驗89．）
鋁箔紙
白紙
墨水滴管　二個
醋
氨水
小玻璃瓶　二個

●實驗步驟：
■在玻璃瓶內倒進少量的醋。
■在另一個玻璃瓶內倒進氨水。
■白紙放在鋁箔紙上，在白紙上放高麗菜液試驗紙。
■在試驗紙的一端滴入二滴醋，而另一端滴入二滴氨水。

●會有什麼結果？
氨水會使試驗紙變綠色，而醋使試驗紙變粉紅色。

●為什麼？
高麗菜液試驗紙遇酸變紅，遇鹼變綠。由此可知，氨水為鹼性，醋為酸性。

91 檢驗果汁的酸鹼性

●實驗目的：檢驗果汁為酸性或鹼性。

●要準備的東西：
墨水滴管
大張的高麗菜液試驗紙（見實驗89。）
白紙　一張
鉛筆
檸檬汁
葡萄柚汁
柳丁汁
氨水
醃漬物汁

●實驗步驟：
■在鋁箔紙上放白紙，而白紙上放一大張高麗菜液試驗紙。
■用鉛筆在白紙上依序寫上要檢驗的東西名稱。（參照圖示）
■用墨水滴管依序滴入氨水、檸檬汁、葡萄柚汁、柳丁汁及醃漬物汁在試驗紙上。
■觀察這些要檢驗的汁液在試驗紙上的顏色有何變化。

●會有什麼結果？
氨水在試驗紙上變成綠色，其餘的汁液變成紅色或粉紅色。

●為什麼？
鹼性使試驗紙變綠色；而酸性使試驗紙變成粉紅色或紅色。由此可知，氨水為鹼性，其餘的汁液為酸性。水果裡含有檸檬酸，而醃漬物的汁含有醋，所以檢驗出來皆為酸性。

92 比粉紅色更紅

第八部 廚房的酸鹼實驗

●實驗目的：不同濃度的酸，在高麗菜液試驗紙上會形成濃淡不同的顏色。

●要準備的東西：
高麗菜溶液（見實驗88。）
剪刀
茶匙
咖啡過濾紙
鋁箔紙
明礬
酒石（又稱酒石酸氫鉀）
維他命C（粉末）

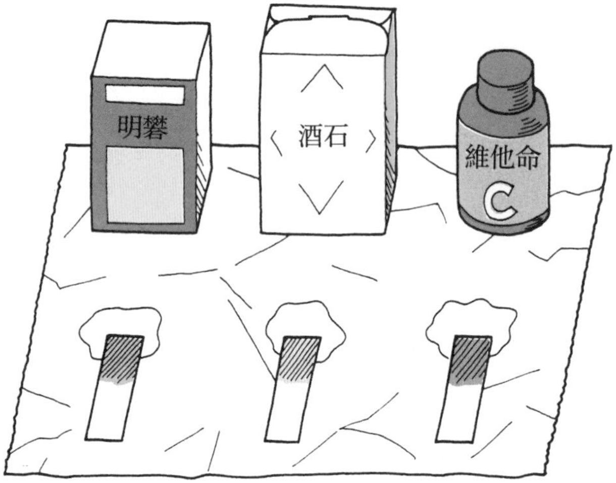

●實驗步驟：

■在鋁箔紙上分開放置各半茶匙的明礬、酒石及維他命C（粉末）。

■將過濾紙裁成（1×3公分）的細長紙片。

■將第一張過濾紙片的一端浸泡一下高麗菜溶液，並在濕的這端堆些明礬。

■將第二張過濾紙片的一端浸泡一下高麗菜溶液，並放置酒石。

■將第三張過濾紙片的一端浸泡一下高麗菜溶液，放一些維他命C（粉末）在另一端。

■五分鐘後，觀察紙片顏色的變化情形。

●會有什麼結果？

放有明礬的紙片顏色變成紫色；放酒石的紙片顏色變粉紅色；放維他命C粉末的紙片顏色則變為玫瑰色。

●為什麼？

酸性含量的多寡決定顏色濃淡的程度。強酸性試驗紙呈現紅色，所以維他命C含酸最多，酒石次之，而明礬幾乎不含酸。紫色是由高麗菜溶液的藍色與明礬含有的一點酸相混合成的。

93 這杯果汁會很酸嗎？

●實驗目的： 觀察檸檬汁使高麗菜溶液變成紅色的現象。

●要準備的東西：

檸檬汁
高麗菜溶液（見實驗88。）
玻璃杯
大號茶匙

●實驗步驟：

■在玻璃杯內倒進一茶匙的高麗菜溶液。
■再加入一茶匙的水及一茶匙的檸檬汁。

●會有什麼結果？

溶液由藍色變為紅色。

●為什麼？

檸檬汁和其他柑橘類同樣的含有檸檬酸，所以會使高麗菜溶液變成紅色。

94 麵包為何會膨脹？

●實驗目的：觀察在製造麵包的過程時加酸，會發生什麼現象。

●要準備的東西：
醋
玻璃杯　六個
大號茶匙　二支
發酵粉
碳酸氫鈉（蘇打粉）
白紙　二張
大湯匙　二支

●實驗步驟：
■在玻璃杯內倒進半杯醋，另一杯則倒進清水。把二張白紙平放在桌上。每張紙上各放二個空杯。
■在第一張白紙上的二個空玻璃杯內皆放進發酵粉，並註明①、②及發酵粉。（參照圖示）
■在第二張白紙上的二個空玻璃杯內皆倒進一茶匙的碳酸氫鈉，並註明③、④及碳酸氫鈉。
■註明①的玻璃杯內倒進二茶匙的水，註明②的玻璃杯內倒進二茶匙的醋。同樣記錄其變化情形。

●會有什麼結果？
第①、②、④杯產生冒泡的現象，只有第③杯變成白色的混濁溶液。

●為什麼？
發酵粉是碳酸氫鈉和其他物質組合而成的。發酵粉加入水後會產生酸性溶液。此酸性溶液和碳酸氫鈉起化學反應時，會產生二氧化碳。醋是酸性溶液，與所有酸相同，所以醋加入碳酸氫鈉後，會出現二氧化碳的氣泡。在烘烤餅或麵包時，需要二氧化碳，因為二氧化碳會使材料膨脹，而經加熱烘焙後會愈發膨脹。製作麵包時，發酵粉必須加酸才能產生二氧化碳，使麵包膨脹。

95 薑黃不僅是咖哩粉的色素

●實驗目的：製造檢驗鹼性的指示劑。

●要準備的東西：
塑膠袋
茶匙
酒精　三分之一杯
玻璃杯
薑黃粉　四分之一茶匙
咖啡過濾紙
鋁箔紙
大碗

●實驗步驟：
■在玻璃杯內倒進三分之一杯的酒精，再加入薑黃粉末，攪拌均勻。
■將溶液移至大碗裡，把過濾紙全放進薑黃溶液裡。
■取出沾濕的過濾紙，並放置於鋁箔紙上，讓它乾燥。
■把乾燥的薑黃液試驗紙裁成（1×3公分）的紙片。
■紙片放進塑膠袋內保存。

●會有什麼結果？
薑黃液試驗紙變成鮮黃色。

●為什麼？
薑黃液為檢驗鹼性的指示劑，遇到鹼性會從黃色變成紅色。而薑黃為咖哩粉的色素。

96 氣體使試驗紙變成紅色

●實驗目的：觀察看不見的氣體使薑黃液試驗紙變成紅色。

●要準備的東西：薑黃液試驗紙（見實驗95・）
氨水

●實驗步驟：
■將薑黃液試驗紙的一端沾些水。
■把氨水的瓶蓋打開，但請小心不要吸入氨水。
■將沾濕一端的試驗紙接近瓶口，但不要接觸到瓶口，至少要離瓶口三公分。

●會有什麼結果？
試驗紙變成紅色。

●為什麼？
氨水是由氨氣溶於水而製成的。打開瓶蓋，鹼性的氨氣會使薑黃試驗紙變紅。

97 紙乾燥時無法產生化學變化

●實驗目的：證實薑黃液試驗紙只有潮濕時，才可進行實驗。

●要準備的東西：薑黃液試驗紙（見實驗95・）
碳酸氫鈉（蘇打粉）
玻璃杯
茶匙

●實驗步驟：
■在玻璃杯內放進二分之一茶匙的碳酸氫鈉。
■將乾燥的試驗紙沾碳酸氫鈉粉末。
■將試驗紙的一端沾濕後，再沾碳酸氫鈉粉末。

●會有什麼結果？
乾燥的試驗紙沒有變化，而沾濕的試驗紙變紅色。

●為什麼？
碳酸氫鈉是鹼性的。欲使試驗紙產生檢驗作用，必須其溶於水才可發生作用。水才能促使化學物質混合在一起發生反應。

98 檢驗洗潔劑

●實驗目的：檢驗洗潔劑為酸性或鹼性。

●要準備的東西：鋁箔紙（四邊各三十公分）

茶匙

水　一杯

薑黃液試驗紙（實驗95·）五張

肥皂（固形）

廚房用的洗潔劑

玻璃清潔劑

去污粉

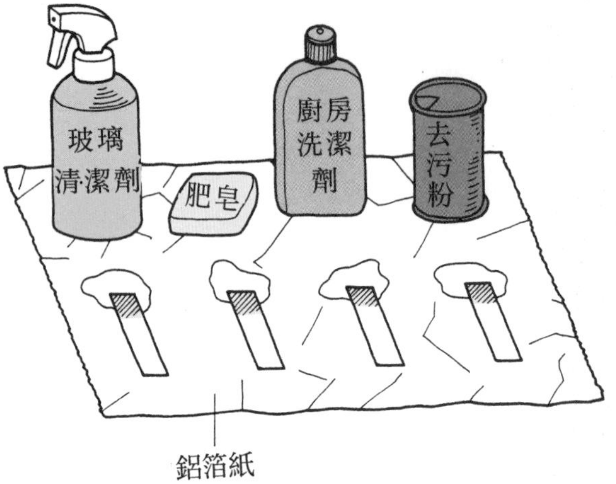

●實驗步驟：

■鋁箔紙平放在桌上。

■將四種洗潔用品分別放在鋁箔紙上。

■將試驗紙的一端沾濕，並沾些洗潔劑。

■其他三種洗潔用品依同樣步驟試驗。

●會有什麼結果？

試驗紙變紅。

●為什麼？

幾乎所有的洗潔劑都是鹼性。因此，試驗紙會變紅。（譯者註：蔬菜洗滌劑及洗髮精是中性的）

99 鹼性的木炭液

●實驗目的：製造鹼性的溶液。

●要準備的東西：木炭　二大茶匙
玻璃杯
薑黃液試驗紙（見實驗95。）

●實驗步驟：

■在玻璃杯內放進二茶匙的木炭。（木炭是樹木燃燒所形成的灰。）

■再倒進水於杯內加以攪拌。

■將薑黃液試驗紙放進杯中。

●會有什麼結果？

試驗紙變紅。

●為什麼？

木炭含有碳酸鉀，而鉀是鹼性的。所以試驗紙會變紅。

100 為什麼會恢復原狀？

第八部　廚房的酸鹼實驗

●實驗目的：加酸使鹼性溶液產生中和的現象。

●要準備的東西：薑黃液試驗紙（見實驗95．）

氨水

墨水滴管　二支

醋

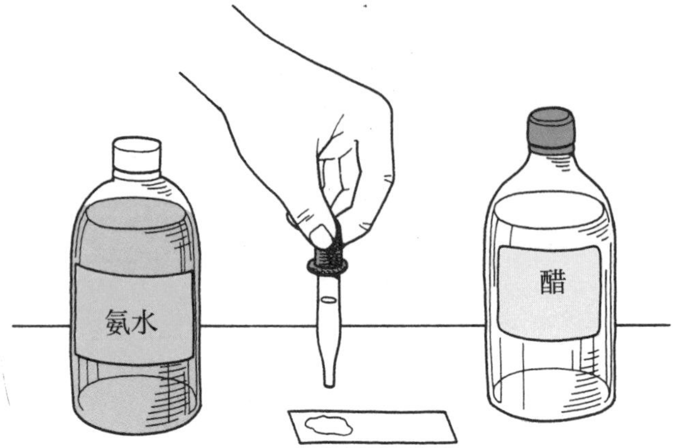

●實驗步驟：

■將試驗紙的一端浸濕氨水。

■用墨水滴管吸取醋，然後在試驗紙沾氨水處滴上幾滴醋。

●會有什麼結果？

氨水使試驗紙變紅，加上醋後，試驗紙又恢復原本的黃色。

●為什麼？

氨水是鹼性；醋是酸性。兩者相混合會互相抵消，最後形成既非鹼性也非酸性，而為中性。鹼性的氨水使試驗紙變紅，加上醋後，使氨水起了變化而消失不見，最後試驗紙恢復原來的黃色。

101 會溶解的毛髮

●實驗目的：用漂白劑溶解毛髮。

●要準備的東西：一小撮毛髮
漂白劑
小廣口玻璃瓶

●實驗步驟：

★注意：若不小心沾到漂白劑，應立即用大量清水沖洗患部。

■在玻璃瓶內倒進少量的漂白劑。

■將毛髮（可至美容院索取）放進漂白劑裡。

■使毛髮浸泡二十分鐘。

●會有什麼結果？

漂白劑表面產生泡沫，而毛髮上有小泡沫黏附著，到最後毛髮會全部溶解。

●為什麼？

毛髮為酸性，漂白劑為鹼性。酸與鹼產生反應，稱為中和反應。中和反應後，所形成的物質既非鹼性也非酸性。漂白劑會溶解酸性的纖維，所以毛髮被其溶解。

用語索引

- **鹼**：有苦味的物質，會中和酸使紫色高麗菜溶液變綠，也會使薑黃溶液變紅。
- **起泡**：氣體溶於液體，或者是可溶性的固體溶解於液體中，都會產生此現象。
- **稀釋**：與別的液體（通常是水）混合，會減少原有液體的濃度。
- **演繹法**：邏輯思考的一種方法。結論是藉由實驗結果而演化出來的。
- **擴散**：分子由一方移至另一方，均勻分布的現象。
- **體積**：物質所佔據的空間大小。
- **過氧化氫酶**：細胞中含有的一種酵素。
- **慣性**：任何物體若不受外力作用時，必繼續保持它原來的運動狀態，靜止者恆靜止；運動者恆沿一直線以等速運動，這種靜者恆靜；動者恆動的現象即稱慣性，又稱為牛頓第一運動定律。
- **原子**：形成物質的基本單位。其中心為正電電子，正電核周圍環繞負電電子。
- **懸濁**：兩物質的混合物，由於某一物質無法完全溶解於另一物質中，暫時漂浮在液體中，因重力作用才慢慢往下沈。
- **酵素**：存在於活細胞的一種化學物質。在起反應時，會改變化學反應的速度。
- **膠體**：含有無法溶解的小粒子物質，始終漂浮在溶液中。
- **酸**：有酸味的物質，會中和鹼，使紫色高麗菜液變紅。

●收縮：互相吸引而變小。

●重力：指地球上的物體向地球中心的方向牽引過去的力量，又稱為地心引力。

●蒸發：液體所含的熱量增加，最後形成氣體的現象。

●真空：完全沒有物質的空間。

●氫結合：某分子具有的氫原子和別種分子的某部分原子，所產生的微弱引力。

●多孔性：指很多洞的狀態而言，會吸收液體。

●中和：酸或鹼溶液變成中性，形成既非酸性也非鹼性的狀態。

●勤達爾現象：溶媒（溶劑）子，產生光反射的現象。

●電子：原子核周圍具有負電子的粒子。

●澱粉：存在於活細胞中很大的分子，與碘起化學反應時顏色會變深藍紫色。

●凍結：液體中所含的熱量減少，而變成固體的現象。

●反射：從物體表面將光反彈回去。

●物質：最基本的，可做成各種形狀的東西。物質佔有空間，有慣性作用，也有質量。

●分子：由二個以上的原子所構成。

●**膨脹**：擴散變大的現象。

●飽和溶液：溶質再也無法溶於溶媒（溶劑）的狀態。

●毛細管現象：液體在細管中移動的現象，此為管內外的壓力不同所引起的。

●溶質：可溶解於溶媒（溶劑）的物質。

●溶媒（溶劑）：可溶解溶質的液體。

通俗的・生活的

科學視界 4

不可思議的

科學實驗室——化學篇

著　　者／珍妮絲・派特・范克勞馥
譯　　者／王國銓
總 審 訂／黃幸美
編　　輯／黃敏華、羅煥耿、翟瑾荃
美　　編／林逸敏、鍾愛蕾

發 行 人／簡玉芬
出 版 者／世茂出版有限公司
負 責 人／簡泰雄
地　　址／（231）台北縣新店市民生路 19 號 5 樓
登 記 證／局版台省業字第 564 號
電　　話／（02）22183277（代表）
傳　　眞／（02）22183239
劃　　撥／19911841・世茂出版有限公司

電腦排版／文盛電腦排版股份有限公司
製版印刷／造極彩色製版印刷有限公司
初版一刷／1998年10月
　　八刷／2006年8月

平裝定價／250元

作者近照

Janice VanCleave
author of the best-selling series
Spectacular Science Projects, Science For Every Kid and *A+ Projects in Science*
and book 200 Gooey, Slippery, Slimy, Weird and Fun Experiments
All published by John Wiley & Sons, Inc.

作者是暢銷的兒童讀物知名作家，任教於科學課程長達28年，曾任小學教師，也曾在各地大學及機構講授科學課程。她在全美各地的文教單位設立「來玩科學」工作室，直接面對兒童及家長們。1982年，她獲頒費城年度優良教師獎。著有17本一系列科學叢書。

「教孩子科學，最好的方法是玩，讓他們自己做簡單的實驗。」——珍妮絲・范克勞馥。

國家圖書館出版品預行編目資料

不可思議的科學實驗室. 化學篇 / 珍妮絲・派特・范克勞馥(Janice Pratt VanCleave)著 ; 王國銓譯. -- 初版. -- 臺北縣新店市 : 世茂, 1993[民82]
面 ; 公分. --（科學視界 ; 4）
譯自 : Janice VanCleave's Chemistry for Every Kid : 101 easy experiments that really work
ISBN 957-529-800-4(平裝)

1. 化學 - 實驗

347　　87010612